工业控制与智能制造丛书

Praxishandbuch OPC UA

工业4.0开放平台
通信统一架构OPC UA实践

[德] 米里亚姆·施莱彭（Miriam Schleipen）◎主编

任向阳◎译

机械工业出版社
China Machine Press

图书在版编目（CIP）数据

工业4.0开放平台通信统一架构OPC UA实践 /（德）米里亚姆·施莱彭（Miriam Schleipen）主编；任向阳译．—北京：机械工业出版社，2020.6（2021.6重印）
（工业控制与智能制造丛书）
书名原文：Praxishandbuch OPC UA

ISBN 978-7-111-65948-8

I. 工… II. ①米… ②任… III. 工业控制系统－自动控制系统 IV. TP273

中国版本图书馆CIP数据核字（2020）第112161号

本书版权登记号：图字 01-2019-1413

工业4.0开放平台通信统一架构OPC UA实践

出版发行：机械工业出版社（北京市西城区百万庄大街22号 邮政编码：100037）
责任编辑：唐晓琳 责任校对：李秋荣
印　刷：北京建宏印刷有限公司 版　次：2021年6月第1版第2次印刷
开　本：170mm×230mm 1/16 印　张：13.5
书　号：ISBN 978-7-111-65948-8 定　价：79.00元

客服电话：（010）88361066 88379833 68326294 投稿热线：（010）88379604
华章网站：www.hzbook.com 读者信箱：hzit@hzbook.com

本书法律顾问：北京大成律师事务所 韩光/邹晓东

The Translator's Words 译者序

自从OPC UA技术被确立为工业4.0标准通信协议之后，它在工业中得到越来越多的应用。除了兼容上一代OPC DA标准，OPC UA的功能也得到了极大的扩展，真正实现了跨平台的数据交互。OPC UA能够将自动化系统中的垂直链接与机器之间（M2M）平行通信有机地整合在一起。目前，绝大部分控制器厂商都已支持该协议，同时也存在多种解决方案，它们可将一些老旧的设备或生产线接入OPC UA网络。

在万物互联的工业物联网（IIoT）世界中，OPC UA以其自带的网络安全特性，通过认证、授权、加密和数字签名等方式，显著降低了节点在开放网络中被攻击的可能性。

OPC UA已不仅仅是一项通信协议，其强大的信息模型及建模能力提供了对现有行业进行重新整合的机会。信息模型是整个OPC UA也是工业互联网中的关键，通过基础模型以及伴随信息模型（AutoID、机器视觉与机器人、EUROMAP、PackML、MTConnect等）可以实现整个垂直行业的有效链接。

与分布式数据服务（DDS）相比较，OPC UA无法保证数据传输的实时性，从而限制了其在特定场合的应用。但是随着时间敏感网络（TSN）技术的发展，两者之间的结合为OPC UA提供了更大的发展舞台，同时也推动IT、OT和CT技术的紧密融合，从而让一直在工业物联网领域悬空的网络供应商能够直达工业现场层。

作为一项面向未来的工业通信技术，正如本书主编Miriam Schleipen博士所言，无论是开发人员还是管理人员，都应对OPC UA技术的发展保持一定的敏感性。这也正是本书的目的所在。希望本书的翻译发行能够对我国OPC UA技术在各个行业中的推广起到一定的推动作用。

任向阳

2019年11月于德国比勒菲尔德

前 言 Preface

OPC UA 技术为终端用户提供了多种可能性，但这些可能性对于该领域的初学者并不总是一目了然。用户在首次接触 OPC UA 时，往往会被众多的关键字所迷惑，从而无法确定 OPC UA 的哪一部分与具体应用紧密相关。OPC UA 技术的复杂性以及广阔的覆盖领域对于用户而言既是福音，同时也可能成为诅咒。一方面，OPC UA 标准、示例程序以及众多的文献呈现了所有的技术细节。另一方面，恰恰是这些海量的信息对于普通的终端用户反而构成了巨大的挑战，他们往往无法得知该从何处入手。深入理解 OPC UA 技术并不是一件容易的工作，此时用户常常求助于外部专业咨询人员或者培训机构。

自 2006 年以来，编者做过多个不同的 OPC UA 项目，从 Beta 版的技术标准制订到如今丰富的产品与技术实现，从中不断地接触到了这项强大技术的各种新细节。然而，伴随着新的技术标准和应用场景，仍然需要不断及时更新这些知识。在 Fraunhofer IOSB 研究所工作期间，我们帮助众多的用户切换到使用 OPC UA 技术，从而更深刻地理解了成功应用该技术的一些关键因素。例如技术实现的细节往往并不是决定性的因素，更重要的是对市场概况的初步了解，比如当前有哪些供应商、开发工具和技术支持，以及其他用户的实现策略等。

有时对 OPC UA 技术全貌有一个初步但全面的了解，比纠缠于复杂的技术细节意义更大。当某个厂商出于市场目的宣布支持 OPC UA 时，我们需要了解 OPC UA 而不局限于文本上的定义，更重要的是了解其背后隐藏的信息。为了能够准确评估此类信息，用户需要掌握一定的 OPC UA 基础理论。本书的目的就是希望能够提供实际应用 OPC UA 时所必备的基础知识，包括用户案例、经验教训以及最佳实践等。开发人员以及管理人员都可以从本书中获取所需信息。阅读时，读者既可以通读本书，也可以挑选特定主题章节快速查阅。本书的目的并不是要取代

OPC UA 标准来对所有细节进行详细解释，而是希望能够在短时间内向读者展现 OPC UA 核心内容的一个概览。

当编者开始投身于 OPC UA 技术时，就希望能够拥有这样一本入门指导，感谢所有参与者对本书编撰的通力合作。

Miriam Schleipen 博士

作者简介 About the Authors

Jouni Aro

Jouni Aro 先生作为 Prosys 公司的 CTO，主要负责 OPC 和 OPC UA 产品的开发。另外，他还是许多 OPC 相关产品的主要架构师。1997 年，Jouni Aro 先生毕业于赫尔辛基工业大学（芬兰）信息技术专业。1996 年，他加入 Prosys 公司，并成为合伙人。Jouni Aro 还担任芬兰自动化协会 OPC 委员会主席。他是 OPC 基金会工作组的活跃成员之一，并且担任 OPC 基金会活动的定期发言人。Jouni Aro 先生同时还是 IEC TC 65/SC 65E/WG 8（OPC UA）标准化委员会的成员。

Jan Bajorat

Jan Bajorat 先生毕业于德国基尔克里斯蒂安 - 阿尔布雷希茨大学电子与信息技术经济工程专业。自 2014 年起加入西门子公司，担任数字工厂部门的工厂工程和销售职位，他一直在 SIMATIC PLC 产品部门担任与 OPC UA、TIA-Portal 以及 Siemens PLM 软件相关的产品经理。

Christoph Berger

Christoph Berger 先生曾在奥格斯堡应用技术大学学习电气工程，毕业于工业自动化专业。他在机械工程的驱动和控制技术相关的电气领域担任过多个职务。Christoph Berger 先生于 2014 年完成学业，其后在 Fraunhofer IGCV 研究所从事与智能订单处理领域相关的工作，并参与了工业 4.0 领域中的各种研发项目。自 2016 年以来，他一直担任奥格斯堡 Mittelstand-4.0-Kompetenzzentrums 公司的总经理，专注于工业 4.0、物流、业务模型和生产自动化等领域的工作。

Reinhold Dix

Reinhold Dix 先生曾就读于罗马尼亚特梅斯瓦尔科技大学能源工程专业。他从 1985 年起从事软件开发工作。自 1991 年以来，他在卡尔斯鲁厄 Fraunhofer 研究所担任光电技术、系统工程和图像处理方面的高级顾问。自 2005 年以来，作为 OPC（UA）领域的专家，他一直担任 Siemens AG 工厂自动化部门的 OPC 开发团队架构师。他的主要研究领域包括 OPC UA 规范标准、OPC UA 培训工作、平台独立的 OPC UA 开发工具、基于 OPC UA 的系统和应用程序开发等。

Sören Finster

Sören Finster 先生曾就读于卡尔斯鲁厄大学计算机科学专业，并于 2014 年获得卡尔斯鲁厄理工学院（KIT）博士学位。他参与了网络安全和面向私人领域通信协议方向的众多研究项目。自 2015 年 7 月以来，他一直在位于卡尔斯鲁厄的 Wibu-Systems AG 公司从事相关的嵌入式安全工作。他的工作重心在嵌入式系统、工业 4.0 和物联网网络安全等领域。

Andreas Gössling

Andreas Gössling 先生曾就读于德国明斯特大学计算机科学专业，之后获得德累斯顿工业大学计算机科学博士学位。2006～2012 年，他在德累斯顿工业大学从事科研工作。2012～2016 年，他在位于埃斯林根的 Festo AG & Co. KG 公司作为管培生和研发工程师，致力于工业应用中的数据交换。自 2016 年以来，他一直担任黑特斯海姆市 Hilscher Gesellschaft für Systemautomation 公司的 netIOT 部门负责人。他的研究和开发经验包括人工神经网络、时间同步网络应用程序、现场总线、设备描述、工业自动化中的数据交换标准（重点是 OPC UA 和 AutomationML）以及自动化系统的体系结构。他是 AutomationML e.V. 协会的第一任会长，并同时在多个国家工业协会从事相关的工作。

Christian Haas

Christian Haas 先生曾就读于卡尔斯鲁厄大学计算机科学专业，并于 2008 年毕业，获得硕士学位。之后，他在卡尔斯鲁厄理工学院的远程信息处理研究所从事研究工作。Christian Haas 先生读博士期间的研究方向为“无线传感器网络中安全机制的能效评估”。自 2015 年以来，Christian Haas 先生一直在 Fraunhofer IOSB 研究所的“信息管理和控制技术”部门担任“安全网络系统”小组负责人。他的工作内容包括：设计和开发工业制造系统的 IT 安全机制，扩建 Fraunhofer IOSB 研究所面向工业制造系统的 IT 安全实验室，参与工业生产线和关键基础设施领域内有关 IT 安全方向的项目管理和具体开发工作。

Robert Henßen

Robert Henßen 先生毕业于卡尔斯鲁厄理工学院计算机科学专业。自 2011 年以来，他一直在 Fraunhofer IOSB 研究所的信息管理和控制技术部门担任研究助理。他的主要研究领域包括工厂建模、控制系统和 AutomationML。

Stefan Hoppe

Stefan Hoppe 先生毕业于多特蒙德技术大学电气工程专业。1995 年，他加入 Beckhoff Automation GmbH 公司担任软件开发员，后来成为 TwinCAT 自动化软件部门的高级产品经理。自 2009 年以来，他每年都被 Microsoft 授予嵌入式软件 MVP（最有价值专家）奖。自 2010 年以来，他就在 OPC 基金会担任 OPC 欧洲分部总裁。2013 年，他被任命为 OPC 基金会执行委员会委员，2014 年被任命为 OPC 基金会副主席。

Chris Paul Iatrou

Chris Paul Iatrou 先生毕业于德累斯顿工业大学信息系统工程专业，并于 2015 年获得博士学位，其研究方向为过程控制和系统工程，同时他也是 open62541 OPC UA Stack 的联合开发者。作为数字电路方面的技术专家，他在多个项目中领导了关于嵌入式自动化和物联网平台的软件和硬件的开发。他的研究涉及工业 4.0 应用程序中异构自动化组件的语义交互，以及模块化自动化领域中分布式自动化体系结构的发展。

Mirco Masa

Mirco Masa 先生于 2001 年获得意大利米兰理工大学电信工程专业硕士学位。自 2002 年以来，他一直在 CEFRIEL 公司工作，目前是产品开发和工程部门的负责人。他的工作内容包括为 CEFRIEL 产品定义愿景和战略，并协调产品创新过程。自 2009 年起，他还负责 CEFRIEL 公司与大型合作伙伴在北美地区的业务发展。他在与国际合作伙伴的技术创新项目领域拥有 10 多年的工作经验，并于 2010 年成为一名专业的认证项目经理。Mirco Masa 先生还是敏捷软件开发方式的先驱者之一（基于 SCRUM 的开发团队成员）。他致力于工业制造的数字技术解决方案，并参与智能制造、工业 4.0 和信息物理系统中的各种研发活动。

Henning Mersch

Henning Mersch 先生曾就读于比勒费尔德大学，攻读自然科学计算机科学专业。在比勒费尔德大学 Juelich 研究中心，其主要研究方向为分布式系统领域。2007 年，Mersch 先生转至亚琛工业大学过程控制教研室攻读博士学位。Mersch 先生如今就职于 Beckhoff Automation GmbH & Co. KG 公司，担任 TwinCAT 自动化解决方案部门的产品经理。

Daniel Pagnozzi

Daniel Pagnozzi 先生从 2005 年起先后担任了项目工程师、MES 项目经理、物流经理 / OPEX 经理，一直到 2012 年成为全球运营制造高级经理。2015～2017 年，他担任慕尼黑福伊特公司工业 4.0 概念的 IT 经理。自 2017 年以来，Pagnozzi 先生担任 MHP GmbH 公司智能制造领域高级经理。他的工作重点是自动化和生产领域的创新 IT 解决方案，主要聚焦于 MES 以及可持续和敏捷的项目管理。

Julius Pfrommer

Julius Pfrommer 先生拥有卡尔斯鲁厄理工学院和格勒诺布尔高等理工学院工业工程双学位。他在苏黎世联邦理工学院自动控制实验室完成其硕士阶段的学习。Pfrommer 先生目前正与 Fraunhofer IOSB 研究所在交互式实时系统研究方面紧密合作，同时也正在攻读博士学位。他的研究重点为工业应用中柔性生产控制的流程规划、机器学习和工业通信技术。

Martin Plank

Martin Plank 先生曾在斯图加特的巴登 – 符腾堡州州立大学学习机电一体化，然后于普福尔茨海姆应用技术大学获得嵌入式系统硕士学位，研究方向为数字化领域。如今就职于 Festo AG & Co. KG 的研究部门。自 2014 年以来，他一直领导着一个探索未来生产系统的研究项目，其重点是工业网络和工厂能源优化。

Olaf Sauer

Olaf Sauer 于卡尔斯鲁厄大学获得工业工程博士学位之后，先后任职于 Fraunhofer IPK 研究所、庞巴迪运输公司和 METROPLAN 集团。2004～2012 年，他担任 Fraunhofer IOSB 研究所控制系统部门的负责人，现任该研究所副所长。他同时也是卡尔斯鲁厄理工学院和卡塞尔大学的讲师、VDI 信息技术系主任以及南德意志大学 Wirtschaftsstiftung 基金会董事会成员。

Nadia Scandelli

Nadia Scandelli 女士于 2004 年毕业于意大利米兰理工大学电信工程专业。自 2005 年 2 月以来，她一直在 CEFRIEL 工作，目前是数字平台和集成 IKT 的高级项目经理。

她主要负责工业 4.0 相关项目和市场活动，并作为 Division DP 协会的副主席负责协调 30 人的团队，以实现业务目标并提高员工的技能和知识。她曾是以太网网络的讲师，其专业领域在于为智能工厂和工业 4.0 设计解决方案。她是国际和国家项目的项目经理，推动创新解决方案的开发。

Miriam Schleipen

Miriam Schleipen 女士从 2002～2007 年在卡尔斯鲁厄大学就读计算机科学专业；在 2007～2011 年期间担任 KIT 的研究助理；于 2012 年获得了博士学位，其研究课题为“制造执行系统（MES）的自适应和语义互操作性”。

自 2005 年以来，她一直就职于 Fraunhofer IOSB 研究所（前身为 IITB 研究所）。2009～2011 年，她主要负责“工程与互操作性”领域的研究工作，并于 2012～2016 年担任“控制系统和工厂建模”相关研究小组的领导。从 2016～2017 年，她在 IOSB 研究所担任工业 4.0 和互操作性高级研究员。她从事针对控制系统 / 制造执行系统（MES）以及制造过程互操作性（工业 4.0、AutomationML 和 OPC UA）方面的自动优化概念和方法的研究，并与项目管理部门合作，积极参与工业研发项目。

Miriam Schleipen 女士是国家和国际（标准化）委员会的活跃成员，并被公认为该领域内的工业 4.0 专家，拥有 80 多篇公开发表的论文和专著，并多次参加相关的演讲和讨论。

自 2017 年以来，她一直在西门子公司的数字工厂部门担任软件架构师。

Uwe Steinkrauss

Uwe Steinkrauss 先生是 Unified Automation 公司的联合创始人，并且担任业务发展经理，负责市场营销和销售。Unified Automation 公司的战略重点是 OPC UA 相关软件的全球市场营销和分销。作为软件测试专家，他是 OPC 基金会合规与认证工作组的发起人和联合创始人，并且在市场活动、贸易展览和技术活动中为 OPC 基金会提供支持。在他的领导下，Unified Automation 公司已成为 OPC UA SDK 的市场领导者，该 SDK 支持从嵌入式设备、可编程逻辑控制器一直到企业级应用的开发。Uwe Steinkrauss 先生拥有奥斯纳布吕克应用科学大学的电气工程硕士学位，以及英国威尔士大学的电气工程学士学位。

Heikki Tahvanainen

Heikki Tahvanainen 先生于 2016 年在阿尔托大学（芬兰）自动化、控制工程和软件技术方向获得硕士学位。之后他在 Prosys OPC 公司做了 5 年的软件开发人员和客户经理。他的专业领域包括 OPC UA 产品开发以及与这些产品相关的销售活动。

John Traynor

John Traynor 先生拥有加拿大西安大略大学国王大学学院经济学和金融学士

学位，以及多伦多约克大学的工商管理硕士学位。之后他创立了一家加拿大软件公司并在不久之后将其出售，以便将更多的精力投放到管理以及 IT 咨询方面。在 2014 年加入 C-Labs 之前，他在 Bsquare、Palm 和 Microsoft 担任高管职务，其业务涵盖移动和嵌入式软件系统。

作为 C-Labs 的首席运营官，John Traynor 先生负责公司物联网产品组合的业务开发、营销和产品管理。

除了在 C-Labs 任职，他还是许多技术公司、基金会和非营利组织的顾问和董事会成员。

Leon Urbas 教授

Leon Urbas 先生于 1993 年毕业于柏林工业大学机械工程信息技术专业。他曾长期就职于 degussa AG 公司和柏林工业大学，2006 年被任命为电气工程和信息技术学院过程控制专业教授。自 2015 年以来，他一直担任环境与化工研究所系统工艺流程工作组的负责人。

Thomas Usländer

Thomas Usländer 先生于 1987 年毕业于卡尔斯鲁厄大学，获得计算机科学硕士学位，并于 2010 年在卡尔斯鲁厄理工学院取得了博士学位。他是 Fraunhofer IOSB 研究所的“信息管理和控制技术”部门负责人，以及“自动化”业务部门的发言人。他的研究领域包括特定行业的参考模型以及与之匹配的面向服务的敏捷分析和设计方法，特别是针对工业物联网（IIoT）、IT 安全、工业 4.0 和环境风险管理方面的研究。他是工业 4.0 标准委员会（SCI4.0）的专家组成员、VDI/VDE-GMA 和 BITKOM 工业 4.0 工作组的成员，还是开放地理空间信息联盟（OGC）的 Fraunhofer 研究所代表。作为 DIN SPEC 16 593 的发起者和编辑，他获得了 2017 年的 DIN 创新奖。

目 录 Contents

Chapter1 第 1 章

OPC UA——工业 4.0 基础

(Stefan Hoppe)

工业 4.0 和工业物联网（Industrial Internet of Things，IIoT）的核心挑战在于设备、机器以及来自不同行业服务之间的安全和标准化的数据和信息交换。早在 2015 年 4 月工业 4.0 参考架构模型 RAMI 4.0（Reference Architecture Model for Industry 4.0）[RAMI4.0] 就将国际标准 IEC 62541 OPC UA(Unified Architecture)[IEC62541] 作为通信层实施的唯一推荐方案。2016 年 11 月工业 4.0 平台发布了指导纲要《工业 4.0 产品需要实现哪些准则？》[ZVEI4.0]。产品制造商可以依据清单来核查其产品是否满足工业 4.0 “基础”(basic)、“完备”(ready) 或者 “完全”(full) 的产品规范。即便最低级别的产品规范也是依据工业 4.0 通信准则提出的，对于所有位于网络中的产品，必须能够基于 OPC UA 的信息模型，通过 TCP/UDP 或者 IP 协议进行访问。这也意味着，对于所有希望打上《 Industry 4.0 enabled 》标签的产品，都必须以内嵌或者网关的方式支持 OPC UA 功能。由此，OPC UA 信息建模的特性也得以凸显。

1.1 OPC UA 与通信协议

应用 OPC UA 还要信息建模？许多中小企业也许会就此止步。经常将 OPC UA 与其他一些通信协议（如 MQTT 等）进行比较，并想当然地认为 OPC UA 具有局限性，因此，我们经常会听到诸如“ OPC UA 无法直接与云通信，是吗？”这一类问题。那么 OPC UA 到底是什么呢？

OPC UA 是针对工业互操作性的一个框架结构。设备和机器制造商以面向对象的方式描述产品信息，并根据内嵌的 IT 信息安全定义访问权限。德国信息安全部 BSI 已于政府官网上发布了针对 OPC UA 的安全性分析报告 [BSI]。该报告对于 OPC UA 的安全性给出了非常正面的评价。由此，机器制造商将拥有相关数据的支配权，可以有目的地和通过受控的方式分发数据，并从大数据及其分析和挖掘中获益。

为了实现数据交换，OPC UA 针对不同应用场景提供了两种实现机制：

1. 客户端 - 服务器模型。在该模型下，客户端使用服务器授权的服务来实现安全的和基于确认的点到点的信息通信（见第 2 章）。但是在这种通信方式下，服务器和客户端之间的总连接数是受限的。

2. 发布者 - 订阅者模型。在该模型中，OPC UA 服务器将一个可配置的信息子集提供给任意多的倾听者（见 3.1 节）。这种基于广播的数据分发无须使用信息接收方进行确认。

OPC UA 同时支持这两种机制，但是它并没有提供自定义的通信协议来实现它们，而是基于现有协议。其中客户端 - 服务器模型采用的是 TCP 和 HTTP 协议；而发布者 - 订阅者模型则采用 UDP、AMQP 和 MQTT 协议。

因此从 OPC 基金会的角度来看，类似“使用 OPC UA、AMQP 还是 MQTT 协议？”这一类问题根本就不存在。

工业 4.0 的一个关键因素在于数据的意义以及对于数据的描述，也就是所谓的信息建模。

其实现有的设备和机器都不自觉地提供了一个信息模型：数据以及基于不同协议的通信接口。人类将自身的思维方式向计算机靠拢，并在文档中明确规定了每 1 位 / 字节 / 十六进制码背后的物理意义。而在以 SoA 设备构筑的新世界里，人类能够更快更好地理解“物”(things)，因为这些“服务”本身就直观地给出了它们的意义。面向服务的架构（Service-oriented Architecture，SoA）在 IT 领域并不是一个新的概念，只是最近开始向物联网领域扩展。

1.2　导入 OPC UA 的步骤

在设备或机器中导入基于 OPC UA 的 SoA 可以分步实现（见 2.6 节），但一个基于 IP 协议的网络是必不可少的先决条件。现有的串口通信设备必须借助网关等设备，从而能够在网络中被识别为支持 IP 协议的网络节点。至此，OPC UA 就可以作为一个统一的接口来实现机器之间的数据交互。每个设备、每台机器都通过 OPC UA 向别人提供自身的数据和服务。仅仅这一步的实现也将带来巨大的优势：不同的通信解决方案都统一到一个机制内，并由此实现更高的网络安全性（见 2.3 节）。

1.3　这就是全部吗

假如不同的设备制造商能够达成一致，即所有相同的设备都具备相同的数据和服务，那么下一步的实施步骤就相对好处理得多。这些设备也更容易通过即插即用（plug & play）的方式集成到解决方案中。这也是 OPC 基金会与众多的合作伙伴一起制订标准化的行业伴随标准（companion specifications）的目的所在。每个设备或者机器制造商在开始工作之前，都应该检查是否已经存在一个相应的标准化信息模型。如今越来越多的企业开始提出互操作方面的要求（见 2.2 节）。

诸如 PLCopen、AutomationML、AIM（RFID 阅读器、扫描器等）、VDMA 专业小组（注塑机、机器人、机器视觉等共 35 个专业小组）等众多的行业协会（见图 1-1）已经在 OPC UA 服务器上定义了相关信息，这就是所谓的 OPC UA 行业伴随标准。

图 1-1　OPC 基金会合作伙伴

1.4 差异化

就算制造商满足了互操作性的行业标准，并不意味着数据具有了直接可互换性，因为每个制造商都可能在标准服务之外同时提供一些自有的特殊服务。为此 OPC UA 提供了一个制造商专有的信息模型的扩展。因此智能装备必须能够支持多个并行的信息模型：除了标准的模型（比如注塑机或者机器人），同时还能够支持能源模型、MES 接口模型以及其他模型。未来这种行业信息模型和跨行业的信息模型对于简化工程的复杂程度将会越来越重要。也许支持 OPC UA 的设备制造商不一定能够显著增加销售量，但是不支持 OPC UA 的制造商将会明显感受到市场的寒冬。

1.5　展望

1.5.1　趋势：SoA

目前，与特定行业相关的信息模型将不再基于位 / 字节的信息交互，而是基于使用复杂数据类型参数的 SoA 服务。不支持方法（method）或者复杂参数的 OPC UA 客户端与 OPC UA 服务器通信的能力将在未来显著下降。RFID 阅读器将不再基于位（bit）的方式来激活读写命令，而是基于人类可理解的方法，如“读标签”“写标签”“删除标签”等。

1.5.2　趋势：服务到服务

OPC UA 提供了良好的可裁剪性，可以支持从简单的传感器到企业级 IT 层面，从而对自动化这个金字塔产生了强烈的影响。该金字塔从工厂组织架构上来看当然会继续存在，但是通信金字塔将由于 OPC UA 而彻底消亡：设备可以将数据直接或并行地向 PLC、MES、ERP 系统甚至云端发送。对此，一些设备制造商已经灵敏地感受到了一种新商业模式的崛起。比如，条形码或者 RFID 扫描器能够以扫描次数来与生产商进行结算，因为安全的数据分发使得这种类似租赁的商业模式成为可能。具体可能的应用场景请参阅 2.1 节。

1.5.3　趋势：片上 OPC UA

OPC UA 在小型设备和传感器上日趋流行。目前最小的、具备一定功能的 OPC UA 软件解决方案需要大约 35KB RAM 和 240KB Flash 存储空间。现在市场上已经能够采购到内嵌 OPC UA 的嵌入式芯片，由此 OPC UA 将继续扩展自己在传感器领域内的应用。而且 OPC UA 的适用范围已经从自动化核心领域扩展到其他行业，比如工业级大型厨房电器。有关 OPC 在嵌入式系统中的详细说明，请参考 3.4 节。

1.5.4 未来：基于 TSN 的 OPC UA

未来，基于时间敏感网络（Time-Sensitive Network，TSN）[TSN] 的 OPC UA 能够提供实时性保证。OPC UA 能够继续实现安全的互操作性，而 TSN 则为 OPC UA 提供了实时的数据链路层（Layer 2）管道。将这两者组合起来，其目的并不是为了创建一种新的现场总线，而是为 SoA 服务的交互提供精确的时间基准。目前，TSN 标准仍然需要进一步发展和完善，以实现对网络中多个不同厂商的 TSN 节点的配置。由于 TSN 标准的不成熟，OPC 基金会目前并没有积极地推广该组合方案。

小结

OPC UA 作为一个事实上已经确立的行业标准在自动化和工业 4.0 领域已经得到了广泛的应用。它将会涵盖越来越多的数据交换应用场景，从而降低制造商专有方案在市场上的接纳程度。产品之间的差异将更多地体现在设备本身或者外部服务，而不在于通信的接口。OPC UA 作为全球最大的互操作性生态系统平台，可以预见在未来将使来自不同领域的信息模型高速增长。

Chapter2 第 2 章

OPC UA 基础理论

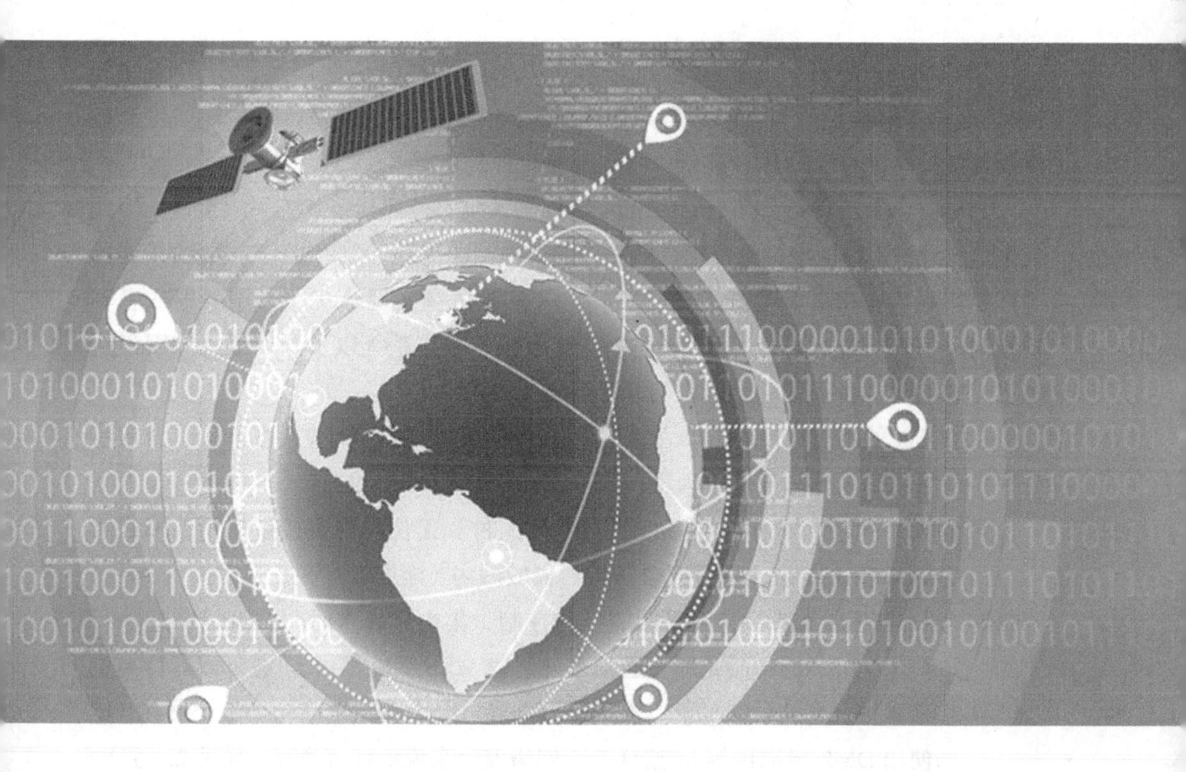

2.1 应用架构

(Dr. Miriam Schleipen)

OPC 统一架构提供了一种标准化的、同步或者异步，以及分布式的通信机制。在该机制下，允许在横向或者纵向对不同类型的数据进行访问。这极大扩展了它的应用场合，并且包含了不同的架构类型以及相关的网络基础设施。OPC UA 组件可以以不同的形式、在不同的平台上、被不同的厂商任意组合。其规模可以从设备或控制器内嵌 OPC UA 组件、机器或成套设备利用网关提供 OPC UA 功能，一直到 OPC UA 服务器集群。因此在这里介绍了以下可能的架构类型，并附上一些实例，以便用户在以后的应用中作为参考。

定义 所谓架构，指的是“一个模型中所有元素的组合，并基于使用该模型进行设计制造、后续开发和使用的原理和规则”[I40Statusreport]。

具体到 OPC UA，其架构主要与 IT 架构相关（系统架构以及部分的软件架构）。同时在架构设计时，必须考虑影响到最终实现方式的众多因素，比如生产组件及其接口、硬件、软件、接口、网络甚至生产地点等。

架构的定义使得每个拥有 OPC UA 组件的系统对外都具备了统一的接口。因此在系统设计时，都应该讨论并确定所采用的架构，即使是一个相对比较原始的架构。

一般而言，由于其复杂的系统结构，开发人员在实现 OPC UA 服务器或者客户端时，都不会从零开始，而是根据 CPU 架构、操作系统以及开发语言等因素选择已有的 OPC UA 开发包（SDK）进行二次开发。

OPC UA 的用户在使用 UA 之前首先必须理清 OPC UA 的应用场景、其背后所依附的网络基础设施和环境等因素。

- 假如 OPC UA 只是在现场级针对不同组件和工位作为桥接来使用，那么所有的 OPC UA 组件都可以位于工厂局域网内（详见 2.3 节）。
- 假如应用涉及基于辨识码的监控与控制、集中式工作时间模型等制造执行系统（MES）的功能，那么通常来说这些 MES 功能都由 IT 总部或者计算中心来维护。在这种情况下，在工厂网络和办公室网络之间增加一个过渡（比如使用 DMZ 隔离区等），这样对于网络安全来说更加有意义（详见 2.3 节）。
- 假如涉及远程操作，就必须运行跨网段，尤其是跨外部网络与客户端建立连接。这时一个类似于 DMZ 的隔离区也是非常有必要的。

- 对一组特定设备进行监控可能不需要写操作，即对所有数据的访问只需要读权限。这将显著降低对于生产过程的影响以及网络安全的威胁。
- 与通信对象之间的数据交换量的上限在实现之前就应该被限定在一定范围之内。在评估所有可行的实现方式时，必须考虑是否能够涵盖所有的数据信息，包括向外传输的数据以及仅在内部维护的数据。
- 当用户决定自己开发，而非从外部采购组件时，所采用的开发语言也是一个需要考虑的重要因素。针对不同编程语言的 SDK（参阅 4.1 节、4.2 节和 4.3 节）所能够提供的帮助信息往往差异也很大。
- 也许针对用户的应用存在多个可行的实现方式。比如一些需要被读的数据，既可以由内嵌于控制器的 OPC UA 服务器来准备，也可以由运行在控制器之上的 OPC UA 客户端写入一个主控 OPC UA 服务器来实现。这时就必须综合评估每个方案的优缺点（比如实现成本、维护成本、可扩展性以及其他指标等），来确定最终的解决方案。
- 除此以外，OPC UA 组件所处的位置也很重要。比如是否位于生产车间网络内？是直接运行在机器设备上，还是位于公司自身的计算中心内，甚至是直接运行在组件的供应商处（外部网络）？组件所处位置如同网络基础设施和开发环境一样，也会影响实施方案的可行性，并与 IT 安全紧密相关（见 2.3 节）。
- 最后，应用场合及目的也会影响所采用的信息模型（见 2.5 节）、所要实现的功能（见 2.4 节）、能否采用可能的行业伴随标准（见 2.2 节）以及相应的实现方案。

总而言之，在设计目标架构之前，有必要对这些影响因素进行足够的评估。2.6 节描述了一种可能的 OPC UA 导入方案。之后就需要定义所有的需求，以及对不同的实施方案进行比较和评估（详见 5.5 节）。

OPC UA 借助合规性检查工具，可以提前审查所需要的功能并保证最终的实现符合 OPC UA 标准。更详细的论述请参见 2.4 节。

绝大部分 OPC UA 都基于分布式的客户端 – 服务器模型。服务器准备数据和服务而客户端请求并消费这些数据及服务。这种服务器与客户端之间双向的数据交换遵循请求 – 响应模式，即客户端发出请求，而服务器接收到请求后做出适当的响应。反之，服务器中的最后一个实例始终是数据的拥有者。

注意 对于无特定连接通道的通信方式（比如在工业物联网中的一些应用场景），OPC UA 借助最新的发布 – 订阅标准[pubsub]也支持这种发布 – 订阅模型。本章则更专注于传统的基于客户端 – 服务器模型的应用。

2.1.1 场景 1：独立的内部 OPC UA 服务器

在此场景下，每台 PLC、设备、机器乃至成套装备都拥有自己的 OPC UA 服务器，每台服务器上运行的信息模型都由服务器供应商单独指定。

此类资产可以拥有不同的呈现形式。

1. 最相近的一种为 OPC UA 服务器内嵌形式，即服务器直接运行在设备、机器或者控制器内（见图 2-1 左下）。具体应用实例见 3.1 节、3.2 节和 3.4 节。

2. 此形式下 OPC UA 服务器并不强制运行在设备 /PLC/ 机器上，也允许以软件方式运行在另一台计算机上（见图 2-1 中下）。

3. 最后一种方式是通过网关适配器来实现（见图 2-1 右下）。这种方式对于某些控制器型号反而是最常用的形式。在没有进行评估和完备性检查的前提下，表 2-1 列出了市面上常见的一些 OPC UA 网关适配器。

表 2-1 OPC UA 网关适配器

生产厂商	产 品
Bosch Rexroth	IoT Gateway
CERTEC DEV	Atvise scada + box
Contec	Comprosys
eWON(HMS)	eWON Flexy
Harting	MICA Base
HB-Softsolution e.U.	HB-DataHub
Hilscher	netIoT Edge
HMS	OPC UaGateway
IBHsoftec	IBH Link UA
softing	echocollect
SOFTING Industrial	dataFEED uaGate
SOTEC	CloudPlug
Spectra	Spectra PowerBox 100-IOT

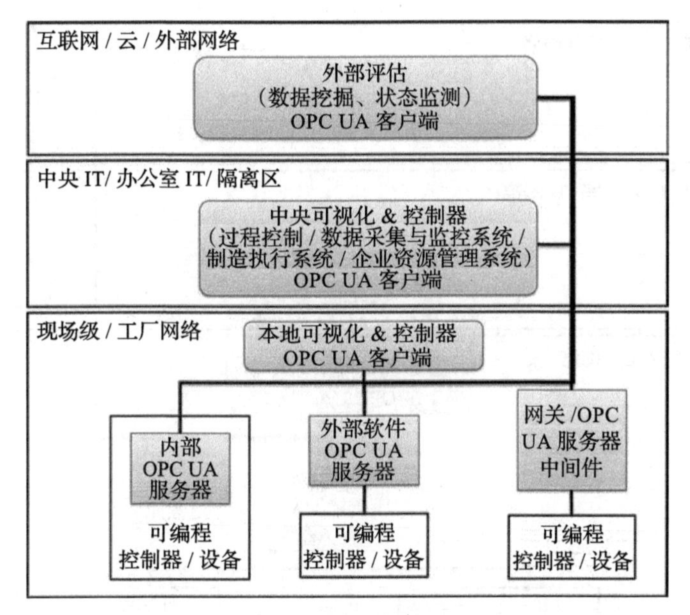

图 2-1　应用场景 1

在一些特定场合下，也可以在一些现有的设备上加装 OPC UA 功能（见 5.3 节）。

用户在该应用场景下经常遇到的一个挑战是，在众多的产品中如何寻找合适的产品（见 5.2 节），或者启动合适的开发工作以满足需求。

这种架构形式通常用于经由 OPC UA 访问当前的过程数据。此时，OPC UA 客户端既可以是运行于机器附近的可视化终端，也可以是由 IT 部门维护的远程 SCADA 或者 MES，甚至可以是一个外部应用程序（比如说状态监控程序等）。

2.1.2　场景 2：共享外部软件 OPC UA 服务器

场景 2 中的所有资产共享一个外部 OPC UA 服务器，该服务器融合了不同资产的信息（见图 2-2）。比如某个针对特定型号 PLC 的 OPC UA 服务器，它负责与多个同类型 PLC 进行通信。通常情况下，这种 OPC UA 服务器都是由控制器厂商或者由 OPC UA 开发包厂家直接提供。另一种情况则可能是为了实现某种特定功能，比如质量管理（Candy Hoover 用例）的软件 OPC UA 服务器。尽管在大多数情况下这种 OPC UA 服务器只支持某一类 PLC 类型或者应用，但与此同时也预先给定了该服务器信息模型的基础结构。

此场景下 OPC UA 客户端的可能形式与场景 1 相同。

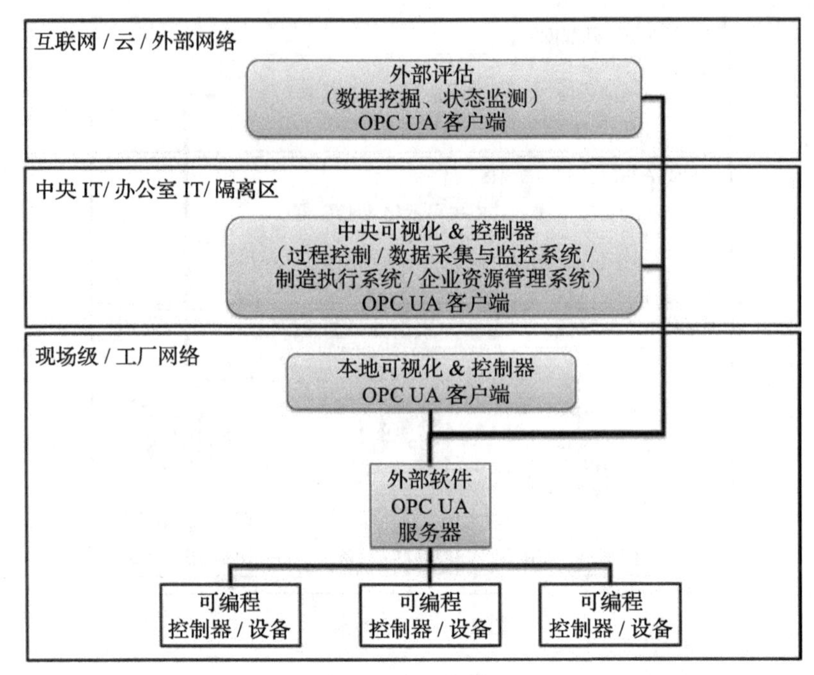

图 2-2　应用场景 2

2.1.3　场景 3：共享中间件 OPC UA 服务器 / 外部网关

一个外部网关或者作为中间件的 OPC UA 服务器（见图 2-3）此时融合了所有资产的信息。它可以是适用于某种控制器类型的网关，也可以是一个中间件。在这个中间件内除了 OPC UA 通信，同时还运行着其他的协议，比如 CANopen 或者 Modbus TCP。而这些总线 I/O 变量同时也被定义为 OPC UA 变量。要实现这种应用形式的首要条件是要有一个统一的信息模型基础架构，这通常由网关或中间件厂商给定。

此场景下 OPC UA 客户端的可能形式与场景 1 相同。

2.1.4　场景 4：聚合软 OPC UA 服务器

一个聚合的 OPC UA 服务器（见图 2-4）统一了每个资产的 OPC UA 服务器。这种聚合式服务器的优点在于：它可以将下层所有服务器的信息模型包含进来，并集成到系统聚合这一层面上。举例说明，当某种特定的信息模型（比如“OPC UA for AutomationML”这种行业伴随标准）被作为基础信息模型时，下层的 OPC UA 服务器就可以将它的过程数据集成到这个信息模型中（参阅 5.4 节）。

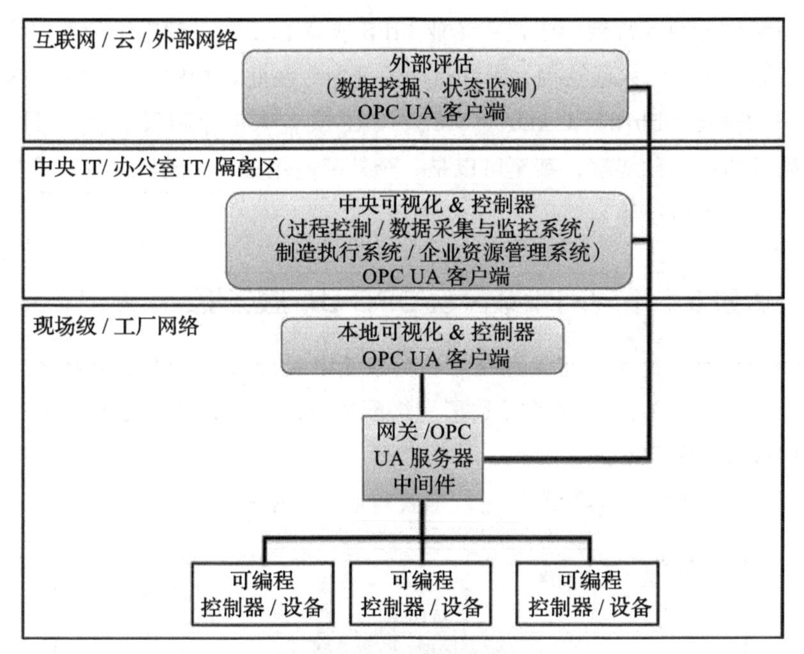

图 2-3　应用场景 3

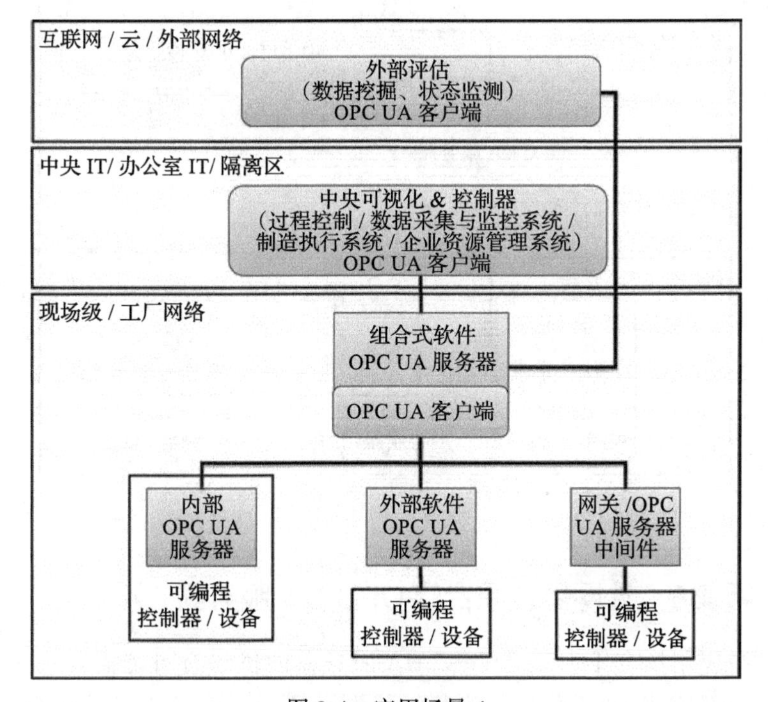

图 2-4　应用场景 4

这种架构类型经常被用于连接企业 MES 或者 ERP，或者用于分离制造系统与后期的数据分析（如数据挖掘）或者前期的规划。在此场景中，OPC UA 客户端既可以是由 IT 部门维护的 SCADA、MES、ERP 或者中央控制系统，也可以是运行于机器附近的可视化终端，甚至可以是一个外部应用程序（比如预测性维护、长时质量分析和优化程序等）。

2.1.5 场景 5：不同网段聚合软 OPC UA 服务器

应用场景 5 和场景 4 的区别在于，场景 5 中聚合 OPC UA 服务器运行在一个远程网络中（见图 2-5）。这就导致了网络配置有所不同，比如更高的网络安全性以及访问权限的管理等。

此场景下 OPC UA 客户端的可能形式与场景 4 相同。

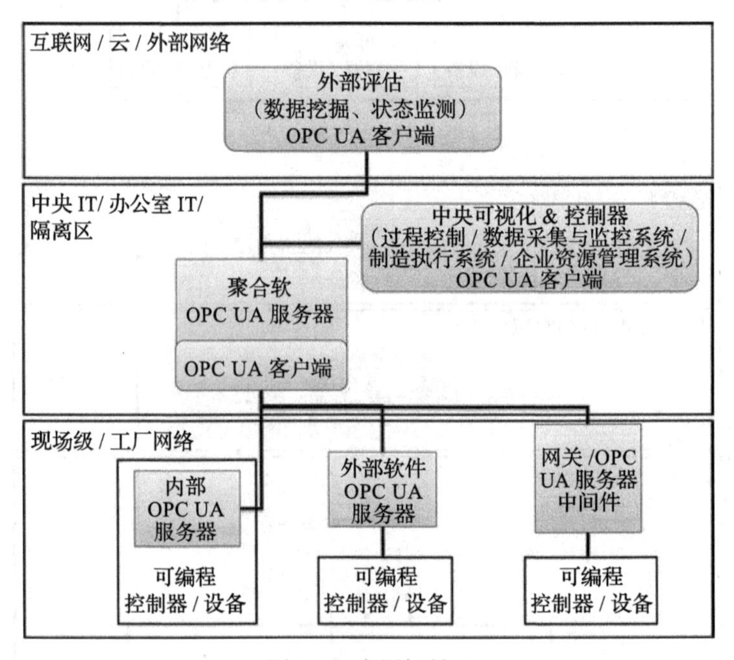

图 2-5　应用场景 5

2.1.6 场景 6：外网多重聚合软 OPC UA 服务器

在一些应用场合下，聚合 OPC UA 服务器的优势有可能需要被多次使用，比如为了均衡负载或者来自外部网络的安全访问。在基于云端的数据挖掘应用实例中，上述聚合 OPC UA 服务器（见图 2-6 中）有可能会被再次聚合（见图 2-6 上）。

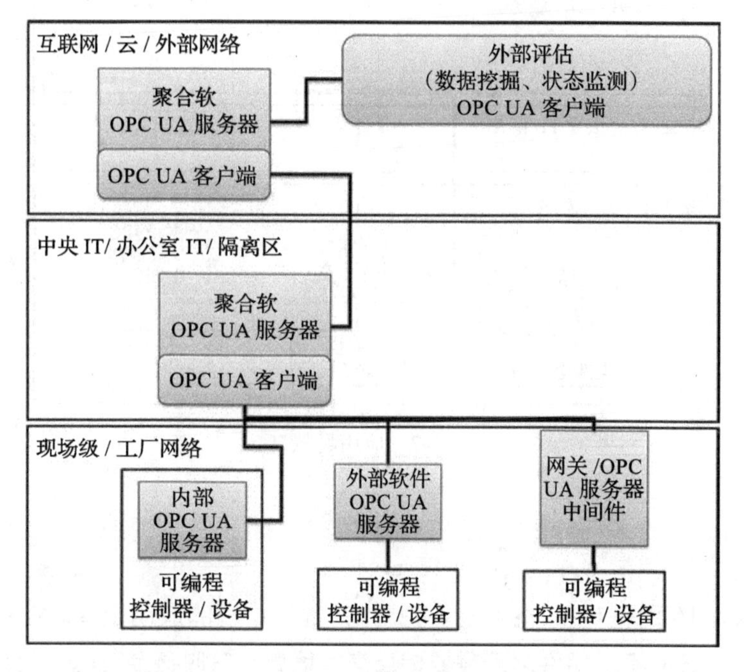

图 2-6 应用场景 6

这种架构形式在有来自外部网络的访问时有可能会被优先使用，并且有可能采用多重的网络安全机制来保证安全性。外部应用程序（比如预测性维护、长时质量分析和优化程序等）都可能成为此场景下 OPC UA 客户端的呈现形式。

2.1.7 场景 7：外网聚合软 OPC UA 服务器

如果要在云端使用 OPC UA 功能，那么一个聚合 OPC UA 服务器（参见场景 4）既有可能位于远程网络的计算中心内，也可能位于中央云端、完全不同的地理位置，或者由制造商的状态监控模块来驱动。有关过程的数据信息则只能通过此聚合 OPC UA 服务器来获取（见图 2-7）。

此场景下 OPC UA 客户端的可能形式与场景 6 相同。

此处列举的架构类型并不十分全面，没有涵盖全部的可能性。我们可以想象在实际应用中可能存在更多的混合架构或者组合架构，尽管有时并不十分合理。

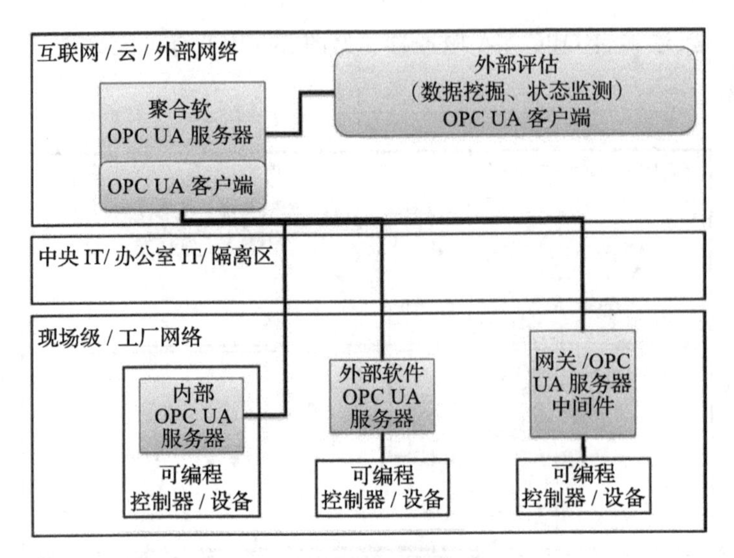

图 2-7　应用场景 7

小结

OPC UA 由于其多样的架构形式，开辟了广阔的应用范围。在这些应用中，制造系统的不同组件之间需要相互交换信息，有时甚至跨越了企业的网络边界。在应用 OPC UA 技术的规划阶段，我们应该仔细衡量不同的架构类型，从而找到一个满足需求的最佳方案。

2.2　OPC UA 行业伴随标准

(Dr. Miriam Schleipen)

OPC UA 技术能够获得众多行业应用的关注，很大一部分原因在于它的信息模型。信息模型描述了数据和信息在 OPC UA 地址空间内是如何被管理的。每个 OPC UA 服务器都包含一个信息模型，该模型使得使用者能够以一种结构化方式来定义其数据以及相应的语义。信息模型可根据实际应用和 OPC UA 服务器的需要进行定制（见 2.5 节）。

OPC 基金会只定义了一些基础类型（type），从这些基础类型中又可以衍生出新的对象（object）和类型（见图 2-8）。利用这些基础和衍生类型及对象，用户还可以搭建出更复杂的类型、关系（relation）和对象。

当信息模型由某个特定的利益团体所定义并遵循更多相关规则的时候，该模型就被称为“行业伴随标准”（参见文献 [OPCCapab]，行业伴随标准总是位于工业标准模型之下）。这些伴随标准根据各自行业的特性充分利用了 OPC UA 的对象、对象类型、结构化组织能力（比如目录对象等）和定义对象之间关系的能力。为了尽可能提高市场接受度和使用程度，OPC 基金会与众多的行业机构（如 ISA、MIMOSA、VDMA 和 OMAC）（参阅文献 [Markets]）展开了合作。借助信息模型，这些机构就可以将自身行业标准与 OPC UA 完美结合。由此就诞生了图 2-8 所示的众多工业标准信息模型。

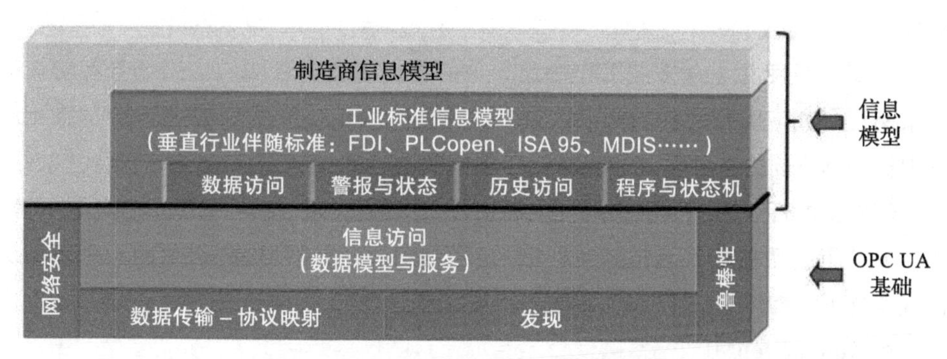

图 2-8　OPC UA 面向服务架构 [Architektur]

这些伴随标准的制订工作都是由特定的工作小组来承担的。工作小组成员是合作双方（OPC 基金会和合作机构）之一的会员即可。在制订一个新的伴随标准之前，OPC 基金会通过通信简报和其他的信息渠道发出通告。因此，我们强烈推荐对伴随标准感兴趣的用户订阅 OPC 基金会的通信简报。

OPC 基金会与 AutomationML 协会的合作就是一个很好的示例 [AMLUA]。两个标准的融合产生了良好的协同效应，并导致了良好的易用性和广泛的市场接受度。由双方组成的工作小组 [AMLUA-IOSB] 在 2016 年 2 月正式发布了《OPC UA for AutomationML》[AMLCompSpec]。该标准描述了如何将链式生产系统的 AutomationML 模型转换为 OPC UA 的信息模型，以实现聚合式的用于链式生产的 OPC UA 服务器。在此基础之上，该小组于 2016 年 12 月发布了德国工业标准 16592《整合 OPC UA 以及自动化标签语言 AutomationML》[16592]。它扩展和细化了伴随标准中的映射，并定义了如何将 OPC UA 配置信息集成到 AutomationML

模型中。此外该标准还列举了一些整合这两个工业标准的应用实例，并给出了如何集成其他工业标准（如 CANopen 和 STEP 等）的帮助信息。有关这两种技术的更详细介绍可以参考它们官方网站（参考文献 [AMLeV] 和 [OPCF]）或者官方 Youtube 频道。

除此以外，每个 OPC UA 使用者都可以定制自己的信息模型和制造商特定信息（见图 2-8）。

在工业 4.0 和工业互联网时代，互操作性标准成为一个越来越重要的成功要素。但是由于在不同生产过程中域、应用、协议等要素的差异性过大，将不会存在一个通用的，适合所有行业的互操作性标准。因此有必要对现有的标准进行融合，而 OPC UA 行业伴随标准提供了一个对不同标准实现整合的可能性。

目前已经确立了众多的工作小组，他们根据各自的领域、应用场景和协议等要素制订了相应的行业伴随标准。更多的伴随标准正在依据 OPC 基金会的准则制订中。根据不同的特性，这些标准可以划分到不同的类别中。

OPC UA 行业伴随标准中的一大类主要关注系统体系结构，比如网络架构的描述、分层组织架构等。通过这些标准，人们更容易描述和理解一个制造系统的逻辑或者物理结构体系。下列标准都属于该类别。

- AutomationML

  用途：描述装备工程化数据，包括几何参数、运动学模型、控制逻辑、行为、拓扑信息，以及通信和自动化系统的框架结构等。

- FDI

  用途：描述现场设备及其参数和通信关系。FDI 是由电子设备描述语言（Electronic Device Description Language，EDDL）和现场设备工具（Field Device Tool，FDT）合并而来的。

- IEC 61850

  用途：描述能源数据。

- ISA95

  用途：描述企业层次组织架构和 MES 数据。

- BacNET

  用途：楼宇自动化数据模型。

而伴随标准中的另一大类则着重了设备本身的配置和描述。这些标准基本上都基于《 OPC UA for Device 》伴随标准，它预先设定了一个用于描述设备的基础结构（包括参数和方法等），并由此对组件、参数和方法等功能（配置、维护、诊断）进行组合。这里列举了一些属于该类别的伴随标准。

- 分析仪器（ADI）
  用途：特定分析仪器（如频谱仪等）的信息模型。
- Euromap77
  用途：注塑机信息模型。
- AutoID
  用途：自动标签设备信息模型，比如光学 /OCR/RFID 阅读器。
- PackML
  用途：包装机械信息模型。
- CNC Systems
  用途：CNC 系统信息模型。
- PLCopen（PLC 设备模型）
  用途：将 IEC 61131-3 软件模型映射到 OPC UA 信息模型，同时也定义了基于 IEC 61131-3 控制器的用于 OPC UA 客户端的功能块。

小结

OPC 基金会与众多利益团体紧密合作，共同制订的行业伴随标准（不管是已经发布的，还是正在制订中的），都保证了大量的应用不会被拒之门外。

OPC 基金会的开放性，以及由此带来的各个领域 / 行业特定语义与 OPC UA 的完美整合，是 OPC UA 技术得以成功的一个重大因素。

假如当前所需要的信息模型还没有正式发布，可以尝试直接联系 OPC 基金会。这些信息将会被转发给相应工作小组的联系人。人们将因此快速地接触到准确的信息来源。

在未来的 OPC 基金会合规性测试工具（CTT，见 2.4 节）中，用户将能够检查行业伴随标准是否得到了正确的使用。遗憾的是目前这个功能还没有完全实现。

2.3 OPC UA 安全性最佳实践

(Dr. Christian Haas/Dr. Sören Finster)

未来的生产设备比起当下的设备将具备更高的联网程度。比如控制器和嵌入式系统之间将更加频繁和自主地进行通信；规划系统将直接与云端相连，以便更好地对订单和设备闲置率进行监控和管理；来自外部的网络访问将会显著增加，这样服务工程师就可以对全世界的设备进行远程维护等。更高的联网程度以及开放的生产制造网络（过去它们一般与互联网完全隔离）很自然会引起人们对网络攻击安全性的担忧。由于 OPC UA 作为工业 4.0 解决方案能够可靠运行的先决条件，因此其网络安全性也成为一个关键的议题。OPC UA 本身提供的安全机制不仅可以保证系统和应用之间通信本身的安全，而且也可以保证针对 OPC UA 的安全访问。尽管如此，当前许多生产设备的日常运营展示了，已有的网络安全机制并没有被完全和合理地使用。

2.3.1 IT 安全基础理论

在 IT 安全的范畴内，通常人们会定义“保护目标”这个概念。借助技术或者组织架构方面的安全措施，可对这些目标实施保护。经典的保护目标包括。

- 数据的**保密性**：所传输的数据只对拥有相应权限的用户、系统或者过程开放。
- 数据的**完整性**和**认证**：在非授权情况下，所传输数据的原始信息不能被篡改，以及数据源头的可追溯性。
- 对系统和用户的**认证**：系统和用户的 ID 是可以认证和校验的。
- 对系统和数据访问的**授权**：只有拥有权限的用户才能访问（读、写和修改）数据和系统。

OPC UA 不仅保证了数据通信的安全（数据的保密性、完整性和认证），而且还提供了对数据和系统访问的安全（系统和用户的认证和授权）。

为了使用户 ID 能够被校验，数字证书是经常被使用的方法。数字证书将用户 ID 与密钥对中的公共密钥相关联。这里的用户 ID 既可以是用户名，也可以是系统 IP 地址。对用户 ID 的校验是通过加密算法来实现的，而其中的一个必要条件是知晓与公钥相对应的私钥。在一个采用了足够安全的加密算法（参见德国信息安全部推荐[BSI]）的前提下，恶意攻击在不知晓私钥的情况下将无法实现使用该用户 ID 登录系统。

除此以外，证书还具备更多的特性，比如说有效期。每个证书都应当设定一个合理的有效期。当它过期之后，与它相关联的密钥对就需要更新，因为用于认证的加密算法在一定条件下有可能被恶意攻击所破解。

数字证书在使用中经常遇到的一个问题是：如何生成和管理证书？OPC UA 用于系统和用户 ID 认证的是 X.509 数字证书[X509]，系统和用户因此应拥有自己的 X.509 证书，以及相关联的私钥。数字证书可以由证书管理设施（PKI）生成，也可以单独生成。若是后者，则要在首次提交证书的时候将其标注和存储为“信任证书”，因此该证书将被加入信任列表中。加入的证书由管理设施（PKI）生成和管理，在提交的时候无须用户干预系统会自动进行证书有效性检查。这种情况下信任列表里添加的是 PKI 的根证书。

在具体应用时，需要考虑以下几个问题：

1. 应当或者必须实现哪些保护目标？
2. 这些保护目标如何具体实现？
3. 如何合理地控制实现这些目标的开销？

2.3.2 OPC UA 的安全机制

如前所述，OPC UA 不仅保证了数据通信的安全，而且提供了对数据、应用和系统访问的安全。图 2-9 展示了 OPC UA 基本的安全架构以及作为 OPC UA 用户所拥有的可能选项（参阅 OPC UA 标准第二部分[62541-2]）。

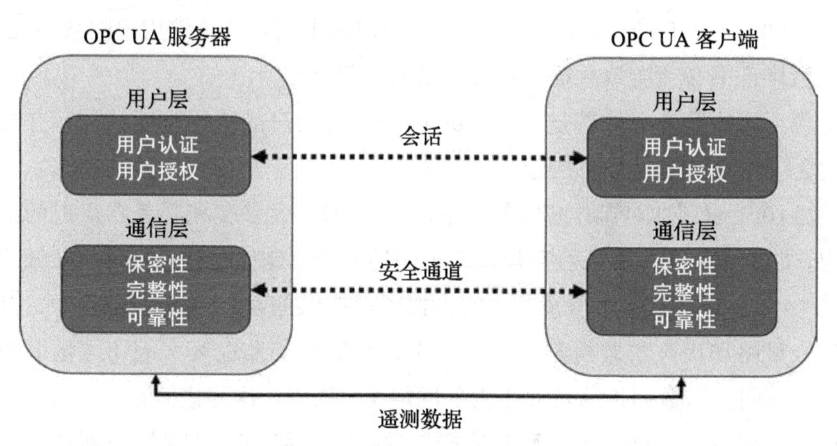

图 2-9 OPC UA 安全架构

OPC UA 用户可以通过选择“安全策略”来决定达到哪种程度的数据传输保护。总共有 3 种不同的安全策略。

- 无安全策略（none）：此时将不提供关于数据保密性、完整性和认证方面的任何保护。对于客户端和服务器之间的数据传输，任何人只要能够访问传输媒介，都可以对其进行监听、添加或者篡改。
- 签名（sign）：安全策略“签名”保证了传输数据的完整性和认证。对于客户端和服务器之间的数据传输，只要能够访问传输媒介，都可以对其进行监听，但不能添加或者篡改内容。
- 签名并加密（sign and encrypt）：安全策略“签名并加密”保证了传输数据的保密性、完整性和认证。对于客户端和服务器之间的数据传输，即使能够访问传输媒介，也无法对其进行监听、添加或者篡改。

安全策略被用在客户端和服务器之间建立一个所谓的“安全通道”（secure channel）。该通道具备相应的安全属性。

为了建立一个会话（session）并最终使用 OPC UA 的服务，有必要对用户（或某个应用程序）进行认证和授权。对此有以下几种登录的方法。

- 匿名（anonym），在这种方式下对 OPC UA 的访问以匿名方式来实现，也就无法对用户进行识别。
- 用户名（username）和密码（password），用户首先必须使用用户名和密码登录，然后才可以访问 OPC UA 服务。登录过程中，就可以对该用户进行识别并核查他是否拥有足够的权限。这种登录方式必须提供对用户进行授权的途径。
- X.509 证书（certificate），该方式对用户的识别是基于该用户的数字证书的。数字证书必须有效并提供足够的访问权限。

这些不同的登录方式都被 OPC UA 用来进行用户或应用程序认证，并在此基础上建立访问 OPC UA 服务的会话。

图 2-10 展示了 2.1 节所描述的由不同 OPC UA 客户端和服务器组成的抽象网络结构。OPC UA 用户可以合理地组合不同的安全机制以达到最佳的安全效果。在图 2-10 中，本地控制器和可视化访问内嵌于控制器的 OPC UA 服务器中，其所采用的安全策略和用户校验机制可能与基于云端的状态监控客户端访问该服务器时有很大的不同。当数据传输仅限于内部网络（比如工厂网络内）时，对数据保密性的保护有时候并不是必需的；而当数据传输位于内部 OPC UA 服务器和云端系统之间（即跨越了网络边界）时，对数据保密性保护的要求则截然不同。类似地，在内部网络中基于用户名和密码的认证基本上可以满足要求，但是对于外部用户，强烈建议导入基于证书的认证机制。

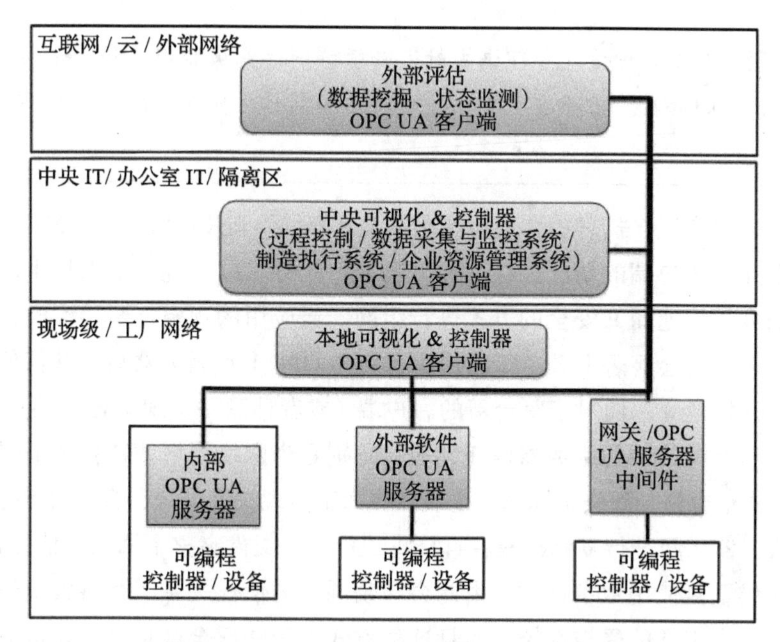

图 2-10 OPC UA 客户端和服务器示例架构

一般而言不推荐使用安全策略“None”，因为一些非常简单的网络攻击在这种情况下都有可能侵入网络并操纵系统。

2.3.3 最佳实践与已知挑战

信任关系的管理

在构建一个 OPC UA 系统的时候，经常遇到的挑战是如何管理数字证书。目前基本上有 3 种不同的管理模式：

- 自签名证书，手动维护信任列表
- 证书由管理设施（PKI）分发，手动维护信任列表
- 借助 GDS（Global Discovery Server）的自动证书管理

利用自签名证书和手动维护信任列表可以建立一个简单灵活的证书管理机制。当一个新的 OPC UA 端点投入运行的时候，会自动生成一个全新的证书。在尝试连接失败之后，现有的 OPC UA 端点就会获悉，新的端点已经被加入系统之中。许多 OPC UA 协议栈将新的证书置于一个“拒绝”（rejected）文件夹下。通过手动添加该证书到已有端点的信任列表中，就可以建立新的信任关系。

注意　在以此种方式管理证书时，必须特别注意被拒绝连接的证书中是否有恶意证书的存在。出于安全考虑，所有添加到信任列表中的证书都有必要进行核查。

另外这种管理方式只适合规模有限的应用场合，比如只有一台 OPC UA 服务器及少数几个客户端的情况。在这种情况下，就可以以自签名证书加手动维护信任列表的方式快速而又安全的方式进行组网。当应用的规模逐步扩大时，这种方式的维护成本将会显著上升。每添加一台新的 OPC UA 服务器后，其信任列表都需要从零开始建立；而对于每台新的客户端（或者移除一个现有客户端），都需要手动修改所有网络中的服务器信任列表。特别是当网络规模快速扩展的时候，这种手动方式很容易导致安全问题。企业往往为了实现快速部署，直接将信任列表在不同的服务器之间进行复制；或者直接将“拒绝”文件夹整个添加到信任列表中；甚至有时候重复使用数字证书。由此会导致混乱的信任关系，其将很快失控并无法回滚成一个正常的受控系统。而且这种方式由于缺乏全区总览，常常会导致错误的系统配置，甚至安全漏洞。

如上面所述，自签名证书加手动维护信任列表的方式可以快速地实现信任管理，但是只适用于极小规模，并且长期来看增长速度缓慢的系统。所有其他场合都推荐使用其他两种方案。

基于 PKI 的数字证书管理系统极大地简化了信任列表的维护过程。与上面手动维护方式相比，其信任列表中只需要添加 PKI 的根证书。所有由根证书签名过的证书，或者经由一个最终到达根证书的证书列表验证过的证书，都将自动获取信任。借助这项技术，每个新的 OPC UA 服务器或者客户端只需要导入 PKI 根证书即可，已有的服务器和客户端无须进行任何改动。企业运行自己的 PKI 系统当然会产生部署、学习成本，并且要求对这个安全极端敏感的系统实行良好的管理。然而对于大规模的使用来说，这些投资完全是值得的：单个 OPC UA 服务器或者客户端的维护成本急剧下降，并且由于信任关系的集中关系而导致安全水准大幅提升。

OPC UA 标准其实也提供了基于“证书管理器”的数字证书管理机制。“证书管理器”是 OPC UA 的一个组件，通常集成于 GDS（Global Discovery Server）中。这种方式不仅可以生成数字证书，还可以用于证书的更新和召回。GDS 开发之时就考虑到了与已有证书管理系统（比如 Active Directory）的集成问题。但是 OPC UA 标准并没有定义具体的实施方法，而是由制造商自己决定。

通常来说，在一个典型的OPC UA应用场合中，应考虑使用PKI模型。只有在系统长期保持极小规模的情况下，可以采用自签名证书加手动维护信任列表的方式来快速部署和降低成本。对于大型系统而言，推荐采用集成证书管理器的GDS高度自动化解决方案。

数字证书私钥保护

对于能够提供基于私钥的数字证书的用户或者系统而言，可以通过证书证明自己的身份。由于利用私钥的网络攻击可能在某些场合中造成极大的破坏，因此私钥是整个数字证书中最为重要和需要被保护的部分。

为了能够在OPC UA客户端和服务器之间建立连接通道，客户端的证书必须添加到服务器的信任列表中（或者通过添加签名CA（Certificate Authority）来保证信任）。基于私钥泄露的网络攻击可以与服务器建立“安全”连接。特别是当OPC UA会话中没有额外的用户认证过程时，拥有私钥也就意味着马上拥有了与该会话关联的所有资源的访问权限。因此对于私钥的保护是提高系统安全程度的一个重要组成部分，尤其是要保证私钥不会直接存储于设备之上。

对于交互式的OPC UA应用，主要是OPC UA客户端，至少应该通过密码的方式进行私钥保护。用户在每次使用私钥前输入相应的密码。更高等级的私钥保护可以通过“智能卡”（smart card）的方式进行管理。在智能卡内存储私钥，并通过加密操作直接将结果提供给用户。由于智能卡和私钥的一体式存储方式，私钥很难被窃取或者复制。

上述基于密码的保护无法在非交互式应用中实现，智能卡或者硬件安全模块（Hardware Security Module，HSM）是更为安全的方式。此时尽管网络入侵由于缺乏密码保护可以使用私钥，但是假如不能直接接触智能卡或者硬件安全模块实体，则无法窃取私钥。

小结

本节阐述了如何基于OPC UA实现最新的网络安全机制，即借由OPC UA实现传统网络安全语境下的数据完整性、认证以及通信的保密性等保护目标。然而在部署OPC UA应用时，始终需要针对具体情况，选择合理的安全策略，以此达到对信任关系和数字证书的保护，并在实际运行中实现对其的合理使用。

2.4　OPC UA 功能子集、一致性测试和认证

(Reinhold Dix)

OPC UA 功能子集（Profile）有可能是 OPC UA 的所有特性中最被忽视的一个方面，但它却是 OPC 基金会期待实现目标的坚实基础：有着巨大差异的应用独立于厂商和平台，并且有安全和可靠的互操作性。OPC UA 功能子集同时也是合规测试工具（Compliance Test Tool，CTT）和认证体系的构成基础。这种标准的认证体系极大简化了用户对 OPC UA 的使用。因此，本节将详细论述 OPC UA 子集、一致性测试工具以及认证体系的基础知识、当前的状态以及作者在这些方面的一些具体认知。

2.4.1　OPC UA 功能子集

每个用户在开始评估市面上已有的 OPC UA 产品时，很容易就能得到一个结论：OPC UA 并不是一直以相同形态呈现的。

OPC UA 功能子集规范的目的是将 OPC UA 元素组织成更小的子单元，这些子单元的一个重要特性是可测的 / 可被校验的。因此，在这些子单元的基础上，就可以测试和验证整个 OPC UA 应用。

目前原则上只有两大类 OPC UA 应用：客户端和服务器。与此相对应的也就存在两类子集，分别针对 OPC UA 客户端和服务器应用。对于某些同时包含客户端和服务器功能的应用，也必须同时支持这两类功能子集。

定义　一致性单元（conformance unit）是由一组 OPC UA 元素组成的特定集合，它们作为一个整体可借由合适的测试用例（test case）进行测试和验证。

OPC UA 功能子集是将某一类应用所涉及的 OPC UA 元素整合到一起。子集可以由一系列一致性单元或一些更小的子集组成。

功能子集可以分为部分功能子集（facet）和全功能子集（full-featured-profile）。部分功能子集主要关注 OPC UA 应用的一些特性，而全功能子集则包含了一个 OPC UA 应用所涉及的所有 OPC UA 元素。

OPC UA 应用可以同时支持一个或多个功能子集。一个应用所包含的功能子集数量表明该应用的功能范围和性能，因此功能子集也常常被用来衡量一个应用

的规模。图 2-11 展示了一个运行于小型嵌入式设备上的 OPC UA 服务器全功能子集。图中浅色方框分别代表了部分功能子集而深色部分则代表了一个全功能子集。每个功能子集中所包含的一致性单元没有额外展示。

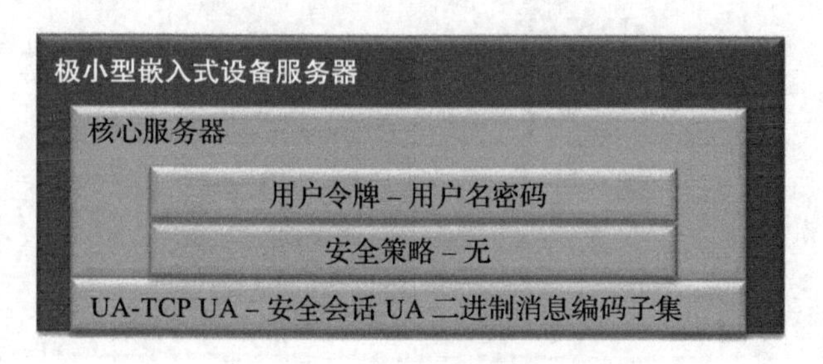

图 2-11　极小型嵌入式设备服务器全功能子集

大致而言，拥有图 2-11 所示全功能子集的 OPC UA 服务器支持以下功能。

- 部分功能子集 UA-TCP、UA-SC 和 UA Binary 分别代表 OPC UA 的 TCP 网络协议、OPC UA 安全会话 1.0 安全机制，以及对信息的二进制编码能力。
- 部分功能子集**核心服务器**（core server）定义了一个 OPC UA 服务器的基本功能：建立安全的信息传输通道、查找所支持的 OPC UA 端点、支持建立至少一个会话（session）、服务器对象（server object）、遍历地址空间以及对地址空间内元素的读 / 写（可选）访问。
  - 部分功能子集“无安全策略”（security policy-none）规定了不受保护的信息交换。
  - 部分功能子集“用户令牌 – 用户名密码”（user token-user name password）针对 OPC UA 客户端强制用户使用基于用户名和密码的认证机制。

在上述功能子集中尽管缺失了许多 OPC UA 功能（比如订阅、安全机制等），但基于该功能子集用户还是能够生成一些完整可用的 OPC UA 应用。通过添加额外的部分功能子集，我们可以建立功能更加强大的子集，如图 2-12 所示。

微型嵌入式设备服务器（micro embedded device server）在图 2-12 所示极小型服务器基础上额外支持至少 2 个并发会话（session）和 1 个简单的数据订阅服务。简单的数据订阅服务位于“嵌入式数据变化订阅”的部分功能子集内，该子集同时还给出了预定义的系统数值。

- 每个会话至少包含 1 个订阅服务，即微型嵌入式设备 OPC UA 服务器至少支持 2 个订阅服务。

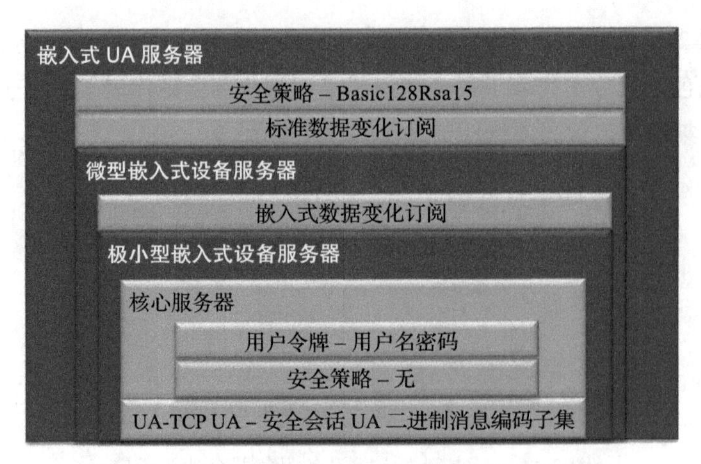

图 2-12 嵌入式 OPC UA 设备服务器全功能子集

- 每个订阅服务至少包含 2 个 OPC UA 元素（item）。

嵌入式 UA 服务器功能子集在完整的微型嵌入式设备服务器全功能子集之外还通过“安全策略 – Basic128Rsa15”部分功能子集（数据的加密和签名）扩展了安全机制和更高的订阅服务功能。订阅功能的扩展体现在“标准数据订阅”部分功能子集中，主要包括以下内容。

- 扩展功能，比如死区机制（deadband）。
- 更高的系统参数设置：至少一半数量的会话（session）必须支持至少 2 个订阅服务，每个订阅服务至少包含 100 个 OPC UA 元素。
- 可选功能还包括通过 GetMonitoredItems 方法访问订阅服务的信息。

在嵌入式 OPC UA 服务器子集的基础上可以将其扩展成标准 OPC UA 服务器全功能子集，标准子集定义了一个 PC 端服务器需要的最小子集（见图 2-13）。“基础服务器行为”（base server behavior）部分功能子集定义了服务器配置的移植性需求。当 OPC UA 服务器在目标设备上运行时，需要满足这些需求，包括设置探测服务器（discovery server）的 URL 地址、设置端点的端口号、打开或者关闭制订的安全子集和用户 ID。

“用户令牌 – X509 证书”（user token-X509 certificate）部分功能子集则强制要求对基于 X509 数字证书的用户进行认证。

“扩展数据变化订阅”（enhanced datachange subscription）是从嵌入式服务器功能子集中的标准数据变化订阅服务扩展而来的。它定义了更高的系统参数设定：每个会话必须至少支持 5 个订阅服务、一半数量的订阅服务至少包含 500 个 OPC

UA 元素。

图 2-13　标准 UA 服务器全功能子集

在上述所有例子中，OPC UA 元素，更准确地说是 OPC UA 一致性单元，大致可以从以下几个方面来分类：

- 关于某个特定功能：数据传输（UA-TCP UA-SC UA Binary）部分功能子集中的一致性单元“Protocol UA TCP”需要 UA-TCP 传输协议的支持。
- 关于信息模型的结构和内容：核心服务器部分功能子集中的一致性单元“Address Space Base”需要系统支持 OPCUA 节点类（对象类型、对象、变量类型、变量、数据类型、参考类型）以及相应的属性和参考。
- 关于特定参数的设定：极小型嵌入式设备服务器子集中的核心服务器部分功能子集确保至少支持一个会话。

综上所述，OPC UA 功能子集定义了与 OPC UA 应用相关的信息模型和所支持的 OPC UA 功能，同时通过功能子集我们还能大致估计出系统所支持的参数设置。

OPC UA 服务器应用在运行时动态地将所支持的功能子集添加到它的信息模型中，而服务器信息模型则可以被客户端读取并显示（如图 2-14 所示）。由此一些智能客户端可以根据服务器的子集调整自身的行为。

UA 服务器功能子集除了包括上述几大类通用功能子集，还可能支持一些扩展的部分功能子集，每个子集都是与特定功能相关。

- 数据访问（data access）：为自动化行业定义了扩展信息模型所需要的变量类型（模拟和数字变量），以及用于访问设备数据的状态码。
- 方法（method）：方法调用。
- 事件访问（event access）：信息模型，传输状态无关消息。

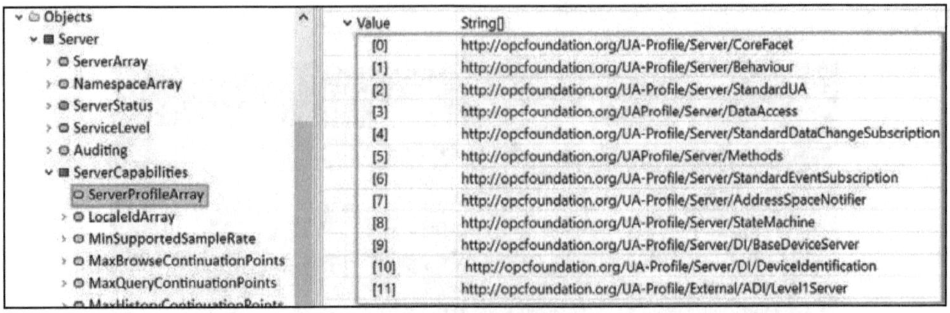

图 2-14　服务器子集在客户端界面中的图形化显示

- 报警与状态（alarm & condition）：信息模型，传输状态相关消息。
- 历史数据访问（historical access）：信息模型，传输历史数据变量值和消息。
- 节点管理（node management）：服务，借助客户端改变 / 配置服务器地址空间，例如增加或者删除对象和变量。
- 审计（auditing）：除了需要系统支持通用消息，还必须支持审计专用消息。
- 文档（documentation）：确定用户文档中有关 UA 服务器的内容，比如安装部署、子集信息、错误清除等。

与服务器功能子集类别相对应，也存在客户端功能子集类型的划分，这些功能子集类似地定义了客户端这一侧相关的 OPC UA 元素。功能子集类型还包括：

- 传输子集（transport）
- 安全子集（security）
- 全局目录服务子集（global directory service）
- 行业标准子集（companion standard）
- 发布者子集（publisher）
- 订阅者子集（subscriber）

用户可于 OPC 基金会官网[Profile]查找完整的已发布的 OPC UA 功能子集列表。

迄今为止的 UA 功能子集主要从 OPC UA 自身的角度来描述应用场景，并没有真正深入到应用本身的功能需求。行业伴随标准（companion standard）则针对特定的应用领域制订了相应的信息模型和 OPC UA 应用的行为模式，并在通用 OPC UA 功能子集的基础上制订了对应该领域的客户端和服务器功能子集。

最后要介绍的是分析仪器类的全功能服务器子集，它同时支持“设备类行业标准”（DI）和“分析仪表类行业标准”（ADI），见图 2-15。该子集以一个包含了绝大部分重要 OPC UA 功能的嵌入式 UA 服务器功能子集作为基础，同时还支持众多的部分功能子集，比如扩展数据变化订阅、数据访问等。

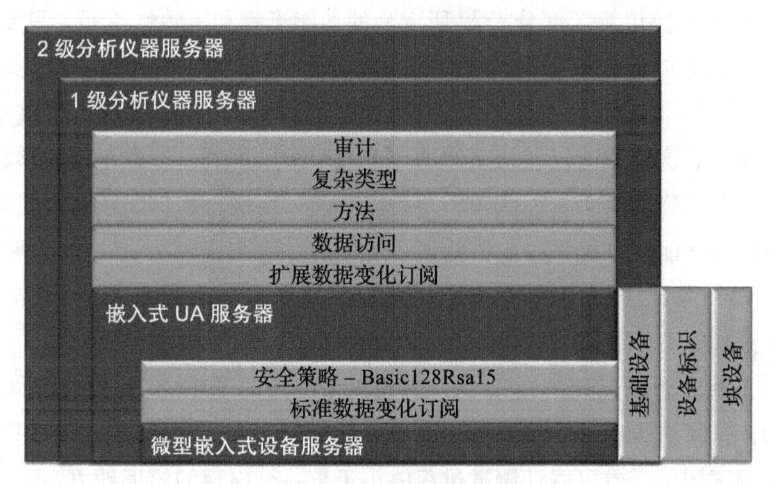

图 2-15 分析服务器全功能子集

设备类行业标准定义了一系列与设备相关的部分功能子集，比如**基础设备**（BaseDevice）、**设备标识**（DeviceIdentification）和**块设备**（BlockDevice）。它们依赖于系统对设备类型（DeviceType）、功能组类型（FunctionalGroup）和块类型（BlockType）等类型数据结构的支持，以及对功能组类型实例“设备标识”（Identification）的支持，该类型实例包括了标识设备的众多参数，比如制造商标识码（ManufacturerId）、产品标识码（ModelId）等。

1 级（level1）分析仪器服务器功能子集还额外定义了对于分析仪器抽象的、独立于厂商的、应用模型所需要的类型。这些分析类仪器包括分析仪、光谱仪、粒度监测仪、色谱仪、附件插槽以及附件等。该功能子集在上述类型之外还定义了分析仪器运行（校准、验证、检验和诊断等）所必备的方法和状态机。

2 级（level2）分析仪器服务器功能子集在上述基础上还在服务器地址空间内提供了所有用于设备配置的参数，并可通过 OPC UA 读写操作对设备进行配置。

2.4.2 一致性测试工具

顾名思义，一致性测试工具（CTT）[CTT] 用于检测客户端和服务器应用程序是否符合 OPC UA 协议标准。除此以外，CTT 还提供额外的工具用于测试应用程序与旧版本 DCOM – 数据访问协议的兼容性。OPC 基金会维护这些一致性测试工具并免费提供给基金会会员。由于 CTT 易于获取并且在认证过程中广泛使用，因此它日渐成为检验 OPC UA 应用是否正确执行的一个重要参考。

在 OPC UA 协议第 7 部分 [Part7] 所定义的功能子集和一致性单元，只要 CTT 支持，就可以在它的用户界面内找到对应的选项。除此以外，这些一致性单元还包含一系列测试用例。测试用例中的实际测试代码均以 JavaScript 脚本形式呈现，并经过详细注释。这其中不仅包括正常的“正向测试”用例，即以正确的参数调用服务并期待一个正确的结果；也涵盖了“反向测试”用例，即以错误的方式调用服务并期待应用程序能够准确识别出该错误。

除了 CTT 标准测试用例外，用户还可以使用 JavaScript 语言撰写新的扩展测试用例并添加到 CTT 中。

当一个或多个测试用例与某个一致性单元或功能子集相关时，就可以通过一键点击的方式来执行。测试过程中有两种具体执行方式：我们既可以不间断地一次执行所有测试用例，也可以让测试过程停止于第一个出现的错误地方。

为了检查 OPC UA 应用在某个特定测试用例中的行为方式，用例可以以调试模式（debug）来执行，此时通过断点设置或者在线显示局部变量等方式可以动态检查系统状态。

一致性测试的结果将以树形结构高亮显示在一个窗口中。假如测试结果出现异常，那么与该测试用例相对应的 UA 节点将以红色显示。在测试结果窗口内，双击某个错误行，就跳转到出错的 JavaScript 代码处。对于用户而言，这是一个非常实用的调试除错功能。

CTT 工程包括了所有相关设置、选择执行的测试用例以及当前的测试结果等。当重新打开一个 CTT 工程时，这些保存的内容都将再次被加载。

服务器测试

在测试 OPC UA 服务器应用程序时，CTT 以客户端模式运行。整个测试过程完全在 CTT 和服务器之间执行。

在进行测试之前，首先需要创建一个包含所有必要设置的 CTT 工程；然后根据测试环境对设置参数进行调整，调整参数包括：待测试 OPC UA 服务器的网络地址（URL）、时间常数边界值、Mengenrüste、用户 ID 给定、字符串长度，数字证书等；下一步则借助 CTT 图形界面挑选及设置待测试 OPC UA 服务器地址空间内测试所需用到的节点；最后是选择并激活必备的测试用例。可以基于某个 OPC

UA 功能子集、一致性单元或者某个 / 某些特定用例来选择测试用例。

如上所述，测试过程本身可以以不同的粒度级别来执行；而最终的结果将显示于 CTT 测试结果窗口内，用户可以此对测试过程进行进一步的评估。

客户端测试

与服务器测试不同的是，OPC UA 客户端应用程序测试使用的 CTT 并不提供测试所需的 UA 服务器，而是插入待测试客户端和目标服务器之间。测试工具采集客户端向服务器发送的消息以及服务器对该消息的响应。当检测到客户端对于错误行为的响应时，测试用例会将错误码嵌入到服务器的响应消息中。

类似地，在客户端测试进行之前，也需要创建一个新的 CTT 工程并根据测试环境对相关参数进行设置。与服务器测试工程相比较，客户端测试工程所需要设置的参数很简单，实际上只需要设置与待测试客户端通信的 UA 服务器的 IP 地址、读取 CTT “中间服务器” 的 IP 地址并在待测试客户端程序中进行相应设置。

在测试之前，实际上只需要执行 Start-FindServers-Intercept.js 这个 CTT 脚本。不然的话，只有客户端的服务器搜索命令被 CTT 采集，而服务器针对 FindServers 和 GetEndpoints 服务的响应则不会经由 CTT 并被记录。客户端依赖这两个服务的响应来获取服务器的信息，并在此基础上与服务器建立会话连接。

不同于服务器测试中可以将多个测试用例、一致性单元或者子集组合起来实现自动测试，每个客户端测试用例必须单独执行。但是测试的流程都类似：选择测试用例，执行测试脚本，检查客户端应用程序的行为，最后关闭该测试用例。

CTT 抓取的 OPC UA 数据包也有助于对客户端测试进行深入的分析。

CTT 文档中提到，针对 OPC UA 客户端的测试所需时间开销明显高于服务器测试，并对测试人员的 OPC UA 知识水平也提出了更高的要求。

2.4.3 认证

认证是对 OPC UA 应用的行为是否符合 OPC UA 子集规范的检查和验证过程。当应用通过了该检验过程之后将获得 OPC UA 合格证书。OPC UA 认证只能由 OPC 基金会授权过的独立的第三方认证测试实验室进行，OPC UA 制造商无权对产品进行认证。

OPC UA 应用程序的开发工具不能进行认证。

整个认证的流程也以标准 [CERT] 的形式确定下来。

OPC UA 产品认证的周期为三年。当认证到期之后，只要产品本身以及认证时所实用的 CTT 和测试用例在这三年内没有任何改变，可以申请延长认证的期限。然而在实际操作中，后两个条件几乎没有满足的可能性。

认证的相关费用说明请参阅文献 [Bene]。

UA 证书只对测试过的产品版本号有效。当产品的主要版本号（major version number）发生变更时，整个测试流程都需要重新执行一遍。当只有次要版本号（minor version number）变动时，是否需要重新执行测试流程则取决于产品的实际变动。

UA 产品认证与应用类型（客户端或服务器应用）无关，它主要包括下面 5 个方面的检查。

- 一致性（compliance）：一致性测试只能由认证实验室的工作人员借助 CTT 进行。在一致性测试中，每个测试项都必须成功通过。因为制造商完全可以利用 CTT 对待认证产品进行独立测试，因此认证过程最好在内部测试已经合格的条件下再行启动。
- 互操作性（interoperability）：根据待测试应用程序所支持的功能，它应该至少与 5 个参考产品实现下列测试：建立连接、遍历地址空间、读写访问、订阅、方法调用等。
- 可靠性 / 鲁棒性（robustness）：这里主要是考查应用程序在通信中断时的恢复能力。
- 性能（efficiency）：这是一个高负载的 36 小时长时测试。在此期间，测试工具将监控系统资源（内存、硬盘、CPU）的消耗情况，同时还会仿真通信中断的情况。
- 用户友好度（usability）：在用户友好度方面将会检查应用程序的安装和卸载是否方便；是否具备足够的系统设置、使用以及除错帮助文档等。

2.4.4 当前进展、经验与认知

功能子集

最新 OPC UA 功能子集规范为 2015 年 12 月发布的 1.03 版本。在 1.04 版的 OPC UA 标准中应该也包含了 1.04 版的功能子集规范[1]。

标准的制订是一项费时费力的工作，但最终还是能够实现对所有 OPC UA 元

[1] 1.04 版已于 2017 年 11 月正式发布。——译者注

素的良好的覆盖。随着更多 UA 功能子集规范的发布，对于这些功能子集的全局把握，将会变得越来越困难。尤其是当涉及行业伴随标准时，人们时常会提出这样的问题：当前对于功能子集规范的定义（即对于特定信息模型的预先给定、特定 OPC UA 功能以及参数给定等），是否能够满足校验行业伴随标准中应用层动态行为的各种需求。至今没有被涵盖的内容包括：不同的运行模式（running mode）、与运行模式或者状态机的某个特定状态相关的方法（method）、正确的状态机函数（function）等。（备注：尤其是对于多层次的状态机，这样的校验对于用户而言将是一个非常实用的工具。）

但是考虑到当前 OPC UA 的发展趋势，用户作为非专业法律人员，常常会被规范中所引用的美国法律所困惑。对于自身不具备专业法务部门的用户而言，在什么样的法律框架下才被允许使用 OPC UA 资源，经常是一个令人疑惑的问题。

CTT

CTT 是一个需要长时间学习才能完全掌握的，比较缜密的 OPC UA 合规性测试工具。借助扩展脚本，CTT 还提供了极高的灵活性。测试用例对于 UA 标准来说，是很有必要的有机补充和精准呈现。只有当一个产品通过了所有的正向和反向测试用例之后，才可以被认为是正确并且完整地实现了 OPC UA 机制。

CTT 当前最新的版本为 2016 年 6 月发布的 1.02.336，同时支持微软的 Windows 平台和 Linux 平台。另外 2014 年 10 月发布的一个 1.02.335 Beta 版，在 Windows 平台下还支持历史数据和集合数据访问。

CTT 涵盖了标准 OPC UA 服务器和客户端功能子集，以及服务器和客户端数据访问部分功能子集（data access facet）的所有测试用例。自然地，CTT 也包含标准功能子集中的嵌入式功能子集、微功能子集以及极小功能子集所对应的测试用例。

除此以外，CTT 还包含了一些基本的方法调用、消息接收以及节点管理等相关测试用例。但是节点管理测试用例在实际中几乎没有应用场合。

CTT 不支持基于标准功能子集的扩展子集，比如复杂类型、审计、报警与状态、冗余、行业伴随标准等。

CTT 还缺乏针对信息模型的系统性检查机制。对于一个复杂的信息模型来说，如何验证一个类型节点是否合规、一个实例是否与它的类型相匹配，或者信息建模的规则（modeling rules）是否可得到良好的遵循等是一项非常耗时费力的工作。然而 CTT 在这方面并不能给用户提供进一步的帮助。

CTT 尤其适合 UA 应用程序的开发以及对 OPC UA 开发包（SDK）的验证工作。当测试工作能够不依赖具体应用场景并在服务层面展开时，不管是客户端还是服务器功能（尤其是服务器功能），CTT 都可以有效地实现测试目标。UA SDK 通常包含一个示例（demo）程序，基于该示例程序，用户可以有目的地测试每个单项功能。对于服务器示例程序而言，用户还可以额外实现 OPC UA 服务层面的完整测试。

至于 CTT 是否适用于最终的应用程序，可根据具体的应用场合来决定，并没有统一的规则。比如某个 UA 应用程序，其信息模型相对简单，并且没有包含自定义的语义；OPC UA 机制也仅仅用于与其他程序进行数据交换，此时完全可以利用 CTT 实现系统测试。但是 OPC UA 所能提供的功能远远超出了上述的简单应用，例如强大的元数据模型、基础模型中包含的通用类型，以及借助复杂类型所实现的用户自定义类型、方法、状态机与消息、节点管理（额外的查询、历史数据和消息访问、审计、冗余等）。由此，用户拥有了开发复杂的分布式系统所需要的所有工具与手段，该系统具备 OPC UA 基金会所强调的所有优点，比如良好的互操作性、高安全性、高性能以及高鲁棒性等，同时克服了许多传统机制（如 CORBA（OMG）或者 DCOM（微软））的局限性。

对于一个包含上述功能的复杂系统而言，实际的开发经验表明，CTT 只适用于很少的一些场合。下面我们以一个相对简单的应用场景为例进行说明。该应用在一次交易（transaction）中创建并配置了一个或多个复杂对象，比如 MaterialDefinition 类型元素。该类型包含了 n 个 MaterialDefinitionPorperty 子元素以及一个与 MaterialClass 类型的 $m:n$ 映射关系 [ISA95CS]。这样一个应用场景大致可以基于以下 OPC UA 工具来实现：

- 调用某个方法以启动一次交易。
- 调用 AddNodes 服务创建新的元素。
- 利用 TranslateBrowsePathToNodeIds 服务以取得新创建的子元素地址。
- 多次执行读写访问以实现新创建元素的配置。
- 调用 AddReferences 服务将新元素与信息模型相关联。
- 调用方法结束本次交易。
- 接收 ModellChangeEvent 事件消息以确认信息模型扩展成功，调用 Browse、BrowseNext 和 Read 方法刷新客户端缓存。

上述步骤中的一部分常常以并发方式执行，而且其实现机制不依赖于用户代码，而是深埋于用户所使用的 OPC UA SDK 内。

具体到 CTT 测试用例 AddNodes，一些 BaseDataVariable 类型变量和目录将会被创建和删除。在此场景中，只有某个特定类型的元素（此处为 MaterialDefinition）在用户成功认证之后才可以在某次交易中被创建。对于该元素的写访问也被严格限制在该上下文中[⊖]。

CTT 中用于消息传输的测试用例与上述 AddNodes 用例相类似。CTT 只依赖于某一个变量，通过对该变量执行写操作来触发消息；而在实际应用中，消息触发往往来自多个不同的事件。

CTT 除了需要增加所支持的功能子集数量以外，以下方面的改进也将极大地改善 CTT 的可用性。

- 测试用例更详细的文档。用户无须利用调试器进行跟踪调试即可理解测试内容。
- 在用户界面中提供识别不支持部分功能子集以及一致性单元的机制。
- 提供对比相邻两次测试结果的异同功能。
- 对于非资深 OPC UA 用户，提供更深入的自动配置功能。
- 对于 OPC UA SDK 的开发，假如能够将 CTT 以及测试结果的评估集成到自动编译流程中，则有助于大幅提高开发效率。

认证

当我们仔细分析截止到 2017 年 3 月的已认证 OPC 产品清单 [Prod] 时，会惊讶地发现仅有不到 30 种 OPC UA 产品获得了认证证书。这其中还存在着众多的 OPC UA 开发包示例程序，但是它们实际上并不能归类为真正的 OPC UA 产品。当扣除这些示例程序之后，认证清单上剩下的 UA 产品数量仅为 20 个左右。

真正支持 OPC UA 功能的产品数量，明显要比认证清单上的数量要高出 1～2 个数量级。即使无从得知失败认证的尝试次数，我们还是可以大致得出这样一个结论，大部分厂商有些甚至是 OPC 官方的推动者，并没有将他们的产品付诸认证流程。

那么到底是什么原因导致了 OPC UA 认证产品的数量极少呢？以一个 UA 服务器应用程序为例，其认证过程耗时大约 1 周。这种保守行为肯定不仅是出于财

⊖ 而在实际应用中，情况要复杂很多。——译者注

务方面的考虑，另外它也不能归咎于 OPC UA 应用程序的质量缺陷，因为 OPC UA 产品互操作性研讨会常常会展示相反的结果。

是否还有可能是认证的标准制订得过高呢？迄今为止经过认证的各种 OPC UA 功能子集数量似乎又否定了这个可能性。这些功能子集范围从最下层的极小嵌入式服务器功能子集一直到标准 UA 服务器功能子集，除此以外，还包括一部分数据访问部分功能子集。对于客户端而言，则包括了 UA 1.02 版客户端功能子集、UA 原生（generic）客户端功能子集、UA 1.02 版原生客户端功能子集以及 UA 1.02 版数据访问客户端功能子集。其中前三项子集是否会继续存在还不明朗，因为它们并没有出现在 1.02 版之后的 OPC UA 标准中。

目前看来，在 OPC UA 标准自身的发展和 OPC UA 应用 CTT 测试和认证之间出现了严重的不平衡。我们可以观察到，对于标准的进一步发展，人们投入了巨大的人力和物力，然而相应的 CTT 仍使用 1.02 旧版本，并且刚刚实现了数据交换的基本功能。由于认证数量的稀少，这两者之间的差距将有可能会被进一步拉大。

基于上述原因，未来的 OPC UA 应用是否应该在数据交换和互操作层面（仅对于最底层的数据而言）实现可验证的基本功能，而在内部则使用更加复杂的专有技术呢？这样的话，那么花费巨大精力定义的各种 OPC UA 强大机制以及伴随标准就显得毫无意义可言。另外希望在不远的将来可以确定 OPC UA 机制或者整个 UA 信息模型，并将其整合到自身的系统开发中，这显得非常不现实。一个更加明智的决定则是将 OPC 警报和事件部分构建于专有的消息系统之上。

小结

如何确保不同厂商、不同平台的 OPC UA 产品之间的互操作性，是应用 OPC UA 技术最重要的一个方面。本节主要总结了与 OPC UA 客户端 / 服务器子集、现有的一致性测试以及与 UA 产品认证相关的重要影响因素和基础理论。

总而言之，OPC UA 功能子集、一致性测试以及产品认证等可以基本上被认为是一种测试和保证 OPC UA 应用程序功能和质量的工具。我们只希望当前这种严重落后于 OPC UA 标准发展的状况能够快速得到改善。

2.5　OPC UA 信息模型及建模

(Dr. Miriam Schleipen/Robert Henßen)

OPC UA 实现了数据的建模与传输相分离。在本节中，我们主要讨论 OPC UA 信息模型，即信息在 OPC UA 世界内以何种形式呈现。信息模型的定义完全独立于所使用的通信技术、具体实现等，也意味着信息模型与特定编程语言和平台无关。

OPC UA 服务器的地址空间是一个完全互连的、以图状拓扑呈现的信息模型 [UAPart1]。该信息模型包括节点、节点本身的特性以及节点之间的相互连接。树形图经常用于描述信息模型，但它只是一种简化形式，OPC UA 的任意节点之间都可以相互连接。这种连接以类型为基础，可以是分层（hierarchical）或者不分层的。具体的 OPC UA 功能（比如数据访问、历史数据访问、报警与事件、命令等），也与单个节点相耦合。

OPC UA 信息模型借助面向对象的建模方式来组织工业生产设施的数据呈现。在这里，面向对象的概念并不仅局限于对象本身，也包括变量、数据类型以及引用。目前在具体的实现过程中，OPC UA 服务器信息模型的建立主要还是以手动方式进行，或者基于厂商专有的自动化机制。

服务器信息模型可以进一步分解为多个节点集合，其中最基础的节点集合由 OPC 基金会在标准 IEC 62541[UAPart 3, UAPart 5] 中定义，其他节点集合可在此基础上经衍生扩展而得到。

顾名思义，节点集合由一组 OPC UA 节点组成，而每个节点都属于某个节点集合。为了便于识别，每个节点集合都具备一个唯一的命名空间（namespace）。它是 URL 地址，大多数情况下是与开发者所在公司名称、行业领域或者项目相关联。在 OPC UA 标准中定义的所有节点都从属于一个节点集合，其命名空间为 «http://opcfoundation.org/UA/»，并可从 OPC 基金会链接 http://www.opcfoundation.org/UA/schemas/Opc.Ua.NodeSet2.xml 中免费获取。

在 OPC UA 系列标准中定义了一种 XML 模式（schema），利用该模式，所有的节点集合都可以使用 XML 格式进行存储。无论是 OPC 基金会所定义的，还是行业伴随标准中所定义的所有节点集合都已经基于上述 XML 模式正式发布（参见 2.2 节）。

本节接下来将要说明的信息模型示例相对简单，其基于图形符号的描述方式相比 XML 格式更加直观。但是 XML 格式使得 OPC UA 节点集合的统一存储和交换更加简单高效。

正确识别 OPC UA 节点的一个重要前提是，获悉它从属于哪个节点集合。命名空间的 URL 地址总是随着节点集合一同保存，为了方便管理命名空间 URL 地址，OPC UA 服务器将所有使用到的命名空间保持在一个数组 NamespaceArray 中。对于识别节点以及针对该节点的参考（reference），只需要使用命名空间数组中的索引。一个节点集合中的某个元素，有可能出现在多个 OPC UA 服务器内，但具备不同的命名空间索引。唯一的例外是 0 索引 Namespaceindex=0，这是 OPC 基金会保留的基础节点集合。

每个 UA 节点都包含了一系列用于识别、描述或者定义访问权限所必备的属性，其中 NodeId 是节点标识符，其在服务器整个信息模型中，也就是说跨越多个节点集合具备唯一性。因此 NodeId 是由命名空间 URL 地址，更准确地说是命名空间索引，以及节点集合内具备唯一性的标识符组成。

标识符可以具备以下不同的形式。

- 数字（i）：整型正数
- 字符串（s）：最大 4096 字节，大小写敏感
- 全局 ID（g）：格式为 00000000-0000-0000-0000-000000
- Opac：字节字符串（ByteString），最大 4096 子集，不要求人类可识别

例如，以文本形式展现的 NodeId 可以为 «ns=3;s=Deckel_geoeffnet» 或者 «ns=2; i=57600»。这些 ID 具体指向的节点，则与它们所属的命名空间紧密相关。但是 «i=84» 一直指向 OPC 基金会基础节点集合的根节点，此时命名空间索引 0 可以不额外注明。

浏览名称（BrowseName）是一个与实现语言无关、人类可读的 OPC UA 节点名字。通过命名空间索引，浏览名称也唯一地从属于某个节点集合。节点的浏览名称是否唯一，取决于该浏览名称路径在信息模型中是否唯一。此时有可能出现在一个节点集合内分布在不同层次的多个节点拥有相同的浏览名称。因此浏览名称并不适合节点的图形化显示，与之相比较，显示名称（DisplayName）则是一个更好的选项。

每个节点可以拥有多个显示名称，取决于具体的实现语言。由于显示名称并不用于节点识别，因此用户可以在多个显示名称中自由选择。每个显示名称还拥

有一个实现语言的可选项，由此用户可以简单快速地开发多语言模型。

除此以外，OPC UA 节点还有一个可选的与语言相关的节点详细描述。类似地，此时节点也可以拥有多语言版本。

节点可选属性 WriteMask 使得针对节点属性的写访问控制成为可能。WriteMask 定义了节点运行期间的行为，比如是否允许修改显示名称或者 NodeId 等。

与上述属性相类似的 UserWriteMask 属性展示了当前与服务器相连接的用户 / 客户端的写访问权限。该属性并不能用于具体的用户权限管理，仅仅映射了服务器提供的或者应该提供的写访问权限。

在 RolePermissions 属性中，访问权限被保持在一个数组内，数组元素为 RolePermissionType 类型实例，其数据结构包含一个角色 ID（RoleId）以及它拥有的权限。与 WriteMask 等属性不同的是，RolePermissions 属性与节点属性无关，而与服务器所提供的服务相关，比如节点遍历、节点插入和删除、历史数据读写等。

2.5.1　节点类型

OPC UA 信息模型由 8 种不同的节点类型（NodeClass）组成。图 2-16 展示了 OPC 基金会所定义的用在地址空间内进行节点建模所需的图形符号。

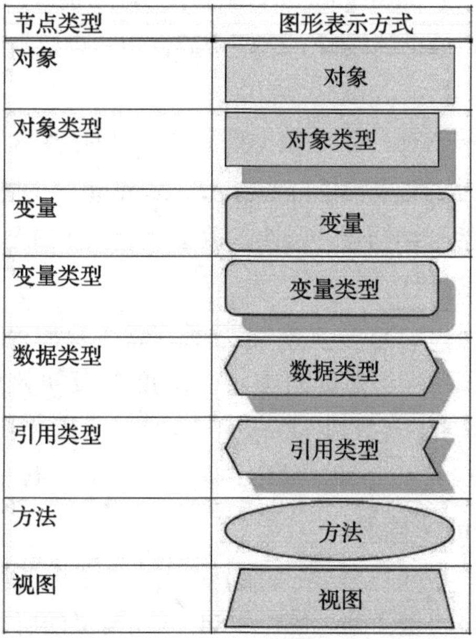

节点类型	图形表示方式
对象	对象
对象类型	对象类型
变量	变量
变量类型	变量类型
数据类型	数据类型
引用类型	引用类型
方法	方法
视图	视图

图 2-16　OPC UA 地址空间内的节点类型

下面我们大概介绍一下上述节点类型。

- 对象（Object）：用于表征系统或者部分系统中物理或抽象元素的节点类型，比如生产线或生产装备就可以被认为是一个典型的对象节点类型。对象节点也可用于系统化组织地址空间。OPC 基金会所定义的基础节点集合作为 OPC UA 服务器的基础，包含了 3 种不同的对象：«Root»、«Objects» 和 «Types»。这些对象本身并不包含具体的信息，但是它们提供了基础的结构定义，用户可以在这个基础上实现进一步的扩展。对象的创建其实就是对象类型（ObjectType）的实例化过程 [UAPart3]。
- 变量（Variable）：一种包含数值的节点类型。变量节点有两种不同的形式：属性（Properties）和数据变量（DataVariable）。属性反映的是节点的专属特性，比如物料号等。属性不允许嵌套，即属性不能再包含子属性。与此相反，数据变量可以由层次结构组成。数据变量反映的是某个对象的数值，比如某个传感器的一组输出等。变量必须归属于某种变量类型（VariableType），即为变量类型的一个具体实例。
- 方法（Method）：某个对象或者对象类型的可调用函数。方法的具体行为方式或者实现与地址空间无关，只取决于 OPC UA 服务器。方法节点描述的仅是接口，包括 InputArguments 属性中的调用接口，以及 OutputArguments 属性中读取调用结果的接口。这两个属性由一个数据类型（DataType）数组所组成。
- 对象类型（ObjectType）：对象类型节点体现的是针对某个对象的类型定义，因此它也被称为实例声明（InstanceDeclaration）。对象类型节点用于定义具体的对象，包括子结构体（属性、数据变量和子对象等），以及它们的建模规则（参阅 2.5.2 节）。
- 变量类型（VariableType）：变量类型节点体现的是针对某个变量的类型定义。它定义了一个变量的类型、维度以及初始值。维度信息在属性 ValueRank 中体现，它可以是标量（–1）、一维变量（1）或者多维变量（>1），甚至可以是这几种不同实现的组合。对于数组来说，其长度由属性 ArrayDimensions 来确定。
- 数据类型（DataType）：数据类型节点定义了某个变量的基础或者结构化数据类型以及它的变量类型。IEC 62541-3 中定义的所有数据类型在地址空间内无须显式声明，默认有效。对于由基础数据类型衍生而来的负责结构体类型，还需要实现 DataTypeEncoding 以适应不同的传输协议。

- 引用类型（ReferenceType）：引用类型节点体现的是针对某个引用的类型定义。引用类型确定了引用的语义定义。引用类型节点的名字定义了在起始节点和目标节点之间的连接语义，比如 «A 包含 B»（参阅 2.5.3 节）。
- 视图（View）：地址空间的一个子集，其对于某个特定客户端具有重要意义。视图节点极大简化了多个客户端对于地址空间的访问。

2.5.2　类型定义

类型定义也被称为实例声明，定义了节点实例的属性、结构和语义。当声明节点内的子类型时，以下 3 个建模规则在节点实例的整个生命周期都有效。

- 可选：服务器可根据实际应用自由决定该子类型在节点实例中是否存在。
- 强制：该子类型实例声明存在于每个节点实例中。
- 受限：该实例声明的 BrowseName 属性无实际意义，节点实例的 BrowseNames 也无法设置或确认。
  - ExposesItsArray：变量类型的一维数据值必须以列表形式对外开放（多维数据值可选）。
  - OptionalPlaceholder：节点实例可以包含 0、1 或者多个该类型元素。比如容器（container）就可以包含一个或多个某种特定类型的对象。
  - MandatoryPlaceholder：节点实例中必须包含至少一个该类型元素。

在派生类型时，实例声明的一部分允许被覆盖。由此就可以重置实例的某些初始值和增加新的属性。但是给定的建模规则继续有效，因此无法将一个强制的属性转化为可选属性。

2.5.3　引用类型

引用是信息模型中两个节点之间的有向连接，引用的具体意义在引用类型（ReferenceType）中定义。每个引用都唯一地归属于某个引用类型。实际操作中，推荐的做法是将每个节点都间接地与根节点相连，以确保整个节点集合都可以被查询到。

图 2-17 展示了 OPC 基金会定义的用于地址空间内引用建模所需的图形符号（参阅文献 [UAPart3]），但是少数基础节点集合中定义的引用类型拥有特殊的图形符号。

引用类型	图形表示方式
HasComponent	 ——————+
HasProperty	 ——————++
HasTypeDefinition	 ——————▶▶
HasSubtype	 ◁◁——————

图 2-17　OPC UA 地址空间中的引用类型

下面我们简要描述一下 OPC 基金会预定义的一些引用类型（见文献 [UA-Part3]）。

- HasComponent：用于描述从属关系。HasComponent 类型引用所指向的目标节点，是该引用初始节点的一部分。HasComponent 类型引用主要用于连接对象 / 对象类型和其所包含的子对象、数据变量、方法；或者用于实现变量 / 变量类型与数据变量之间的连接。
- HasProperty：用于标识节点属性（属性类型的变量）。
- HasTypeDefinition：用于连接对象或者变量与其所归属的类型定义（对象类型或者变量类型）。每个对象或变量必须拥有唯一一个该引用类型。
- HasSubType：用于展示类型层次结构中的继承关系。大多数情况下该引用类型以倒转形式存储，以便更好地展示类型节点与父节点之间的继承关系。

2.5.4　信息模型实例

在下面的信息模型例子中，首先定义了一个自定义对象类型，然后建模一个示例服务器地址空间。

图 2-18 中定义的烟雾报警器对象类型 RauchmelderType 包含了两个二进制属性：Batteriebetrieb（电池驱动）和 Alarm（报警）。该对象类型从基础类型 DeviceType 派生而来，从而也继承了它所有的属性和组件。但是图 2-18 并没有完整展示这些属性和组件。

在上述示例中，楼宇内所有烟雾报警器的报警和数据都被采集到 OPC UA 服务器中并提供给外部访问。图 2-19 展示了该场景的对象层次结构。自定义对象位于 OPC 基金会基础节点集合中预定义结构体（root/object）之下，并且以特定的方式构建，以便根据报警器快速定位相应的房间。

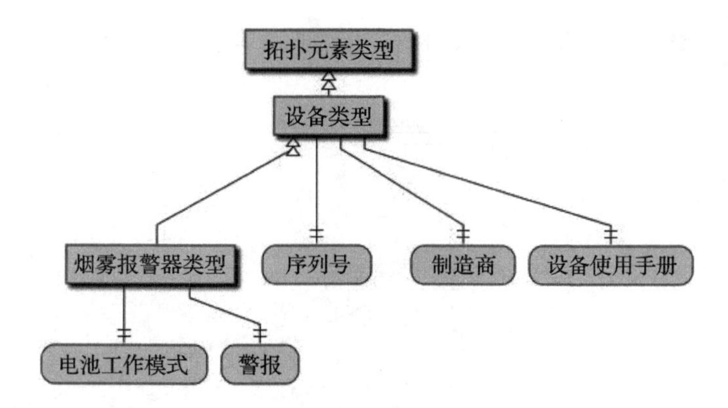

图 2-18　从 DeviceType 类型派生自定义对象类型 «RauchmelderType»

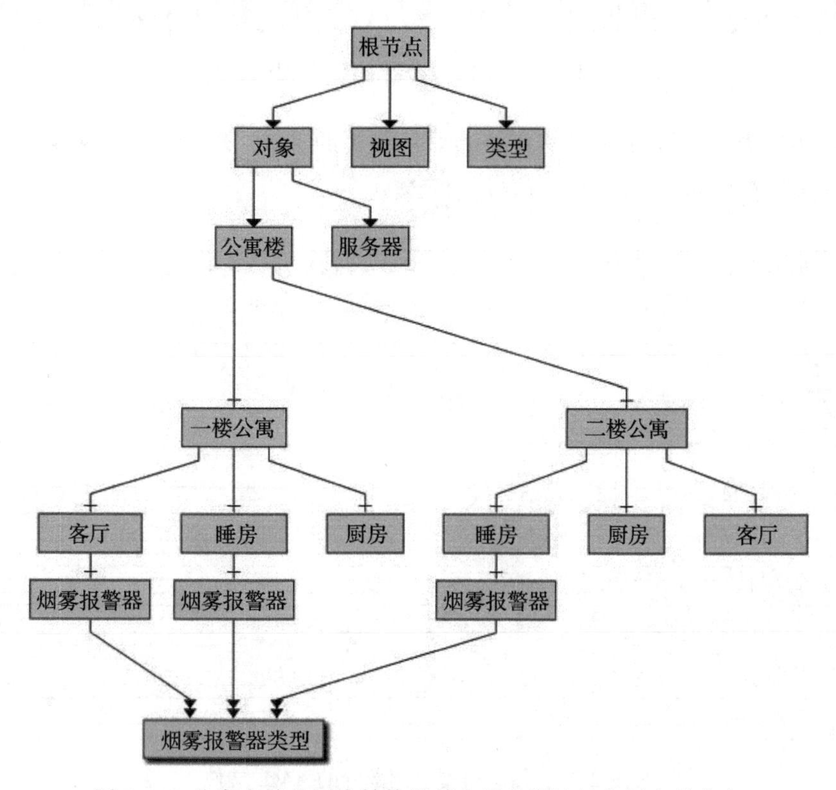

图 2-19　公寓大楼的层次结构及其在服务器地址空间中的分布

图 2-20 展示了烟雾报警器对象的详细构造，其中同时包含了对象自身类型 Rauchmeldertype 和父类型（DeviceType）的属性。OPC UA 服务器通过这些变量向外界提供信息。报警属性的具体赋值也与服务器的实现机制相关。信息模型仅

仅描述了数据结构、数据类型以及必要变量的初始值。

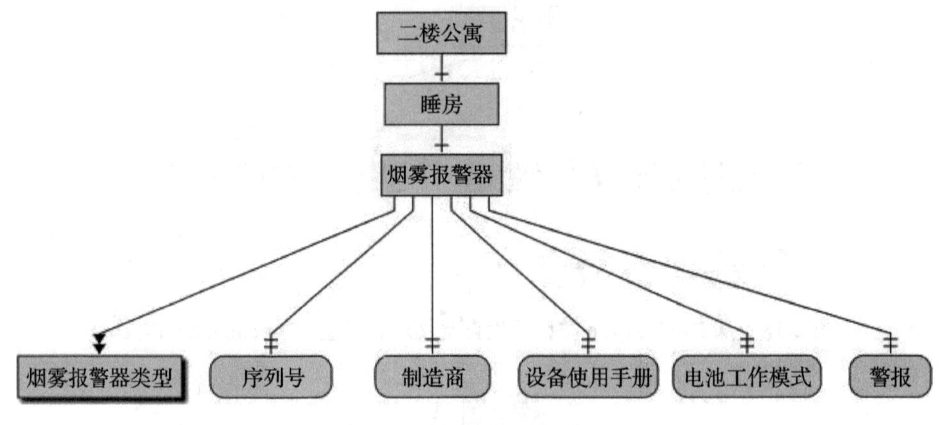

图 2-20　烟雾报警器对象详细构造

图 2-21 所示为与上述烟雾报警器对象相关的 XML 文件的部分内容，它包含了前面图形符号部分所讨论的所有基础元素。


```xml
<?xml version="1.0" encoding="utf-8"?>
<UANodeSet xmlns:xsi="http://www.w3.org/2001/XMLSchema-instance" xmlns:xsd="http://www.w3.org/2001/XMLSchema" xmlns="http://opcfoundation.org/UA/2011/03/UANodeSet.xsd">
  <NamespaceUris>
    <Uri>http://opcfoundation.org/UA/DI/</Uri>
    <Uri>uaBuchBsp</Uri>
  </NamespaceUris>
  <Aliases>
  <UAObject NodeId="ns=2;i=3" BrowseName="2:Haus" ParentNodeId="i=85">
    <DisplayName>Haus</DisplayName>
    <Description></Description>
    <References>
      <Reference ReferenceType="HasTypeDefinition">i=58</Reference>
      <Reference ReferenceType="Organizes" IsForward="false">i=85</Reference>
      <Reference ReferenceType="HasComponent">ns=2;i=4</Reference>
      <Reference ReferenceType="HasComponent">ns=2;i=5</Reference>
    </References>
  </UAObject>
  <UAObject NodeId="ns=2;i=4" BrowseName="2:Wohnung EG" ParentNodeId="ns=2;i=3">
  <UAObject NodeId="ns=2;i=5" BrowseName="2:Wohnung 1.OG" ParentNodeId="ns=2;i=3">
  <UAObject NodeId="ns=2;i=6" BrowseName="2:Küche" ParentNodeId="ns=2;i=4">
  <UAObject NodeId="ns=2;i=7" BrowseName="2:Schlafzimmer" ParentNodeId="ns=2;i=4">
  <UAObject NodeId="ns=2;i=8" BrowseName="2:Wohnzimmer" ParentNodeId="ns=2;i=4">
  <UAObject NodeId="ns=2;i=9" BrowseName="2:Küche" ParentNodeId="ns=2;i=5">
  <UAObject NodeId="ns=2;i=10" BrowseName="2:Schlafzimmer" ParentNodeId="ns=2;i=5">
  <UAObject NodeId="ns=2;i=11" BrowseName="2:Wohnzimmer" ParentNodeId="ns=2;i=5">
  <UAObject NodeId="ns=2;i=12" BrowseName="2:Rauchmelder" ParentNodeId="ns=2;i=7">
  <UAObject NodeId="ns=2;i=13" BrowseName="2:Rauchmelder" ParentNodeId="ns=2;i=8">
  <UAObject NodeId="ns=2;i=14" BrowseName="2:Rauchmelder" ParentNodeId="ns=2;i=10">
  <UAVariable NodeId="ns=2;i=2" BrowseName="2:Batteriebetrieb" ParentNodeId="ns=2;i=1" DataType="Boolean" AccessLevel="3">
  <UAVariable NodeId="ns=2;i=15" BrowseName="2:Batteriebetrieb" ParentNodeId="ns=2;i=14" DataType="" AccessLevel="3">
  <UAVariable NodeId="ns=2;i=16" BrowseName="2:SerialNumber" ParentNodeId="ns=2;i=14" DataType="" AccessLevel="3">
  <UAVariable NodeId="ns=2;i=17" BrowseName="2:Manufacturer" ParentNodeId="ns=2;i=14" DataType="" AccessLevel="3">
  <UAVariable NodeId="ns=2;i=18" BrowseName="2:DeviceManual" ParentNodeId="ns=2;i=14" DataType="" AccessLevel="3">
  <UAVariable NodeId="ns=2;i=19" BrowseName="2:Alarm" ParentNodeId="ns=2;i=1" DataType="" AccessLevel="3">
  <UAVariable NodeId="ns=2;i=20" BrowseName="2:Alarm" ParentNodeId="ns=2;i=14" DataType="" AccessLevel="3">
  <UAObjectType NodeId="ns=2;i=1" BrowseName="2:RauchmelderTyp">
</UANodeSet>
```


图 2-21　信息模型示例部分的 XML 文件

此处的对象节点“公寓楼”（Haus）包括了多个 HasComponent 引用，这些引用将对象节点与其他两个对象节点“一楼公寓”（Wohnung EG）和“二楼公寓”（Wohnung 1.OG）相连接。由此，在上述应用示例中每个烟雾报警器都将以对象形式被保存。

为了能够更好地利用自定义信息模型，作者强烈推荐以系统化的方式遵循下列步骤来创建信息模型，这些方法在作者的日常工作中都得到了有效验证。

信息模型的创建步骤。

- 分析。
  - 需求分析（有哪些组成元素？）
  - 应用场景（有哪些用户？角色、视角、任务 -> 潜在的信息来源）
  - 伴随标准（是否存在适用的行业伴随标准？ -> 充分利用现有模型，避免自定义模型）
- 模型设计。
  - 各模块之间的低相关性
  - 收集 / 组织概念、属性和相互关系（是否存在相关标准）
  - 自上而下的设计（比如研讨会）
  - 自下而上的设计（比如机器学习）
  - 一致的命名规则 -> 广泛的共识
  - 定义共同的概念（术语）-> 创建基础元素
  - 排除不一致性
  - 对概念进行系统化整理
  - 在概念之间建立联系
- 具体实现。
  - 知识结构的正式展现（语言、工具、Toollandschaft）
  - 中立的数据模型（OPC UA）
  - 存储格式（满足 OPC-UA-XML 主题的 XML 格式）
  - 文档（直接存储于 XML 文件中，或者单独以 Word 或其他格式文件形式进行存储）
- 应用与评估。
  - 利用真实应用场景进行完整性检查
  - 修正并重新验证
  - 正式部署

小结

信息模型是 OPC UA 所提供的一个重要特性。通过信息模型，OPC UA 组件可以同时将数据和语义集成进来并在运行期间传输。

信息模型只基于有限的几个基础元素，但是其复杂程度视具体应用可以急剧增加。因此在可能的情况下，应充分利用现有的基础模型或者行业伴随标准。自定义信息模型应尽可能基于现有的数据池，其次可以借助建模工具（不管是图形方式还是文本方式）来实现信息模型的创建。建模工具的使用应局限于信息模型的设计阶段，用于培训或者验证目的。对于基于信息模型的代码自动生成，现在也有众多商业的或者免费的 SDK 可供选择。用户可在自动生成的代码基础上实现进一步的扩展。

2.6 OPC UA 在生产线中的导入

(Christoph Berger)

2.6.1 制造企业的新机遇

“信息是 21 世纪的石油，而对信息的分析则是新的燃烧引擎”[1]。Gartner Inc. 公司资深副总裁 PETER SONDERGAARD 的表述展示了数据和信息在新时代下的重大意义。在新技术的推动下，传统的制造企业也获得了新的机会，同时也面临着新的挑战。工业界应该紧紧抓住这次机会，从客户的角度出发，实现更加经济、可持续的发展。

在这些新的机遇中，如何在制造领域导入所谓的“智能工厂”就是其中之一。在一个智能工厂内，机器、仓储和其他生产资料实现了彼此之间的互联互通，其中柔性和可移植性是最重要的目标，以便快速响应干扰和新的市场需求[2]。一个稍显夸张的说法是生产中产生的数据和与生产相关的各项指标日益变成关键角色。在各种要素彼此能够通信的工厂内，生产数据和指标则必须担任起“物”和“人”之间沟通语言的角色。生产指标体现的是企业的运行系统，也是企业管理中最重要的工具。TROST（2015）的一份研究表明，这正是德国工业界需要加强的方面[3]。大约有 40% 的受访企业认为企业的生产数据质量不够好甚至很糟糕。另外，生产指标在企业的日常实际运营中完全没有发挥应有的作用。在一项调研中，60% 受访的企业管理者对生产指标感到不满，其中大约一半的企业根本不存在指标体系。研究还表明，规划的生产流程中大约 20%～30% 的在生产正式启动之前，还必须进行临时改动。主要的原因在于一些设备缺失的功能，或者一些事先无法预知的冲突[4]，换句话说，生产过程的不透明难辞其咎。

生产过程中关于当前状态信息的缺失或者错误呈现，加剧了解决上述问题的困难程度。随着制造业自动化程度的不断提升，对整个生产设备和过程的监控变成工作人员最重要的任务之一。但是在一个高度复杂的状况下，自动化系统对于操作人员而言，往往超出了他的能力范围。一方面，他缺乏当前状态的准确信息；另一方面，作为系统的监控人员，他对于高度复杂的自动化系统的理解能力也会随着时间的推移和系统的不透明而逐渐减弱。这就导致了工作人员的监控能力因为自动化的缘故无以为继[5]，而现代的通信协议架构（比如 OPC UA），在数据采集、整理和可视化方面提供了新的可能性，以克服自动化所带来的这个核心困境。

2.6.2　企业边际条件定义

企业在导入新的通信体系结构时一个重要前提就是对当前条件的正确认知。本节将从技术到组织管理的角度详细讨论企业的信息系统。

信息系统

企业信息系统的主要任务是采集、处理、传输和存储与企业技术和组织架构相关的信息。对于制造型企业而言，为了支持生产过程而采用的这些系统也被称为生产相关 IT[6]。由此，生产制造过程就无缝地集成到了整个企业的商业流程之中。自动化金字塔是一种在众多文献中经常遇到的用于对信息系统进行分类整理的方式，将工业制造划分为 3 个不同的层面（VDI 5600[11]）。更细致的信息归类可见更多的工业标准，比如德国工业标准 DIN SPEC 01 329[7]（见图 2-22），该标准包含了彼此互连的多个信息系统，以及自动化金字塔的多个层面。图中的数字代表了对生产设备和机器相关数据集合的处理，比如从制造层面一直到后续的各个信息系统。

该示意图适用于企业内 / 外部系统的分类整理，以及目前乃至将来的信息互连。

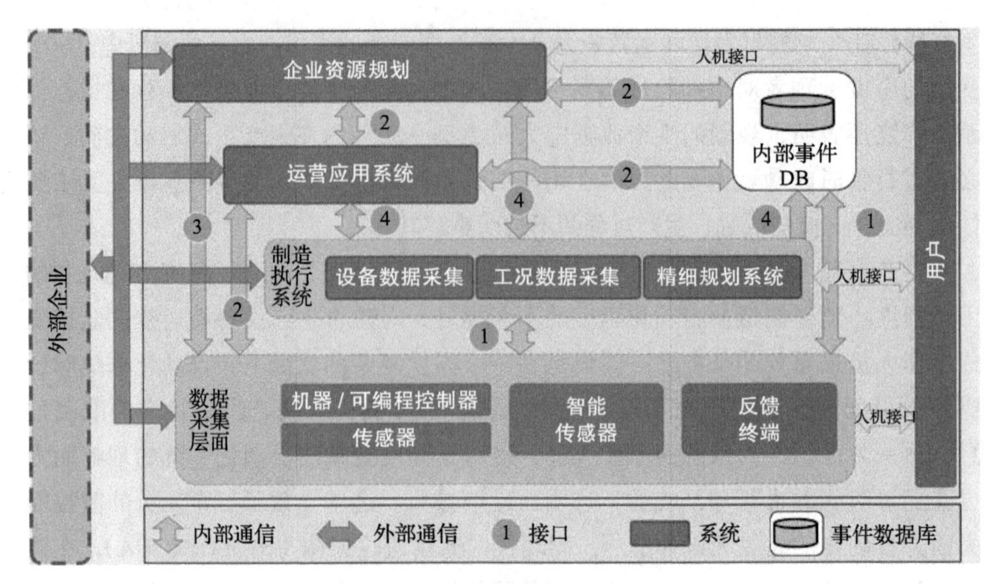

图 2-22 企业层次结构图 [7]

信息交换

为了解决传输什么样的数据以及怎样传输这些数据这两个问题，一个工业级的通信标准不可避免地被提上日程。下面的内容，将简单论述制造层和控制层中各层内部以及相互之间的数据通信标准。

定义 一般来说，通信协议指的是“通信双方对数据传输控制的一种约定，这种约定包括双方实体完成服务交互的时序要求，以及对传输信号的语法和语义定义”[8]。通信协议的架构一般由标准中的参考模型来描述。

通信协议架构的最典型代表就是无须事先建立连接通道的 IP 数据传输协议、面向连接的 TCP 协议以及同样无须连接的 UDP 协议。这 3 个协议共同构建了 TCP/IP 协议族。

目前在生产制造过程中使用的通信接口种类繁多，其中 OPC（OLE for Process Control）协议通信标准主要用于基于 PC 的自动化过程控制。OPC 标准定义了自动控制系统和过程控制层面之间如何交换运行数据和过程数据的机制。在 OPC 协议中，自动控制系统的过程数据以标准化的方式提供给用户程序。借助 OPC 客户端（通常由应用程序厂商开发），可以访问 OPC 服务器（通常由设备制造商开发）上的过程数据或者调用 OPC 服务器所提供的服务。OPC 标准主要定义了 3 种重要元素：

过程数据、事件和报警。

OPC UA 标准专注独立于设备制造商和平台的设备 – 设备以及 PC – 设备之间的数据通信。与原有的 OPC DA 标准相比较，OPC UA 在传输过程数据的基础上，增加了对过程数据的语义描述。此外借助对象模型，OPC UA 服务器将生产制造中的相关数据、报警信息、事件以及历史数据等实现有机集成。在 OPC UA 协议中，用户可以任意定义对象和变量类型，以及它们之间的关系。这些语义的定义可见于服务器的地址空间内。UA 的信息模型利用面向对象的泛型建模，提供了一种生产设备的数据表现形式，其中的数据类型则通过类型模型来描述。每个 OPC UA 节点都包含了众多的对象，而 OPC UA 的功能则与这些对象相关联。

总而言之，OPC UA 协议可以被看作数据采集层面和企业 MES 层面的一个重要和灵活的联系者。在图 2-22 所示的系统框架中，从接口 1～3 概括了 OPC UA 的应用领域。

数据采集

现场数据的采集可以以多种方式实现。如今随着自动化程度的提高，数据采集的成本不断下降；相反，采集的数据精度却在不断提高。全自动的数据采集机制固然能够降低运行期间的成本，但是随之带来的是在系统安装和调试方面更高的开销。因此，数据采集的自动化程度始终是系统集成中一个需要注意的问题，然而更重要的是对所采集到的数据如何使用的细致考量。表 2-2 展示了关于数据采集需要注意的一些因素。

表 2-2 信息系统需求 [9]

分　组	边 际 条 件
设备描述	技术指标 设备结构（比如工位设置） 设备全局展示
现有的自动化系统描述	系统结构与子系统 已部署自动化组件 上下层系统（ERP、MES） 系统内其他设备、软件以及通信装置
数据集合	文件 / 体系结构 数据描述 数据接收与访问（时间戳与内容的有效性） 数据归档 数据保护

（续）

分　　组	边际条件
数据采集（采集周期、数据精度、容错范围）	数据处理功能（方法、算法，以及如何将数据处理分配至不同系统组件） 数据输出（周期、数据精度、容错范围） 向相邻或者上层系统提供所需数据（周期、数据精度、容错范围、数据格式）
数据管理 / 保存	数据访问安全性（完整性、一致性以及授权检查） 数据备份 未授权数据访问防护 数据归档（存储、备份）

基于上述列出的考量因素，下一节我们将介绍流程模型以帮助企业在实际操作中成功地导入信息系统。

2.6.3 导入流程

将当前部署的“经典自动化系统”成功切换到某种新的自动化理念，首要前提是必须立足于用户当前的需求与应用。一方面，这意味着新的解决方案至少要满足下列基本需求。

- 新的架构和切换策略必须保证与现有系统具有相同的功能与可靠性。
- 架构的切换不会提高对人员、设备以及环境的危害程度。
- 新的架构理应提供相同或者更高的设备性能、更长的设备寿命、适当的报警处理以及在整个生成管理系统内针对特定用户群的相关信息收集和整理。
- 新的面向服务的架构应更易于企业运行期间的动态调整和重新配置。

另一方面，我们也需要开发和完善从旧架构向新架构逐步过渡的方案，同时也能够无缝地集成现有技术。这种切换是一个长期的过程，其中有可能存在使用不同技术的多个集成阶段。

图 2-23 所示的导入过程将有助于向新的架构（比如新的信息模型）实现平滑的过渡。下面将详细说明该导入过程的 4 个方面：项目小组、当前状态、目标设定和状态评估。

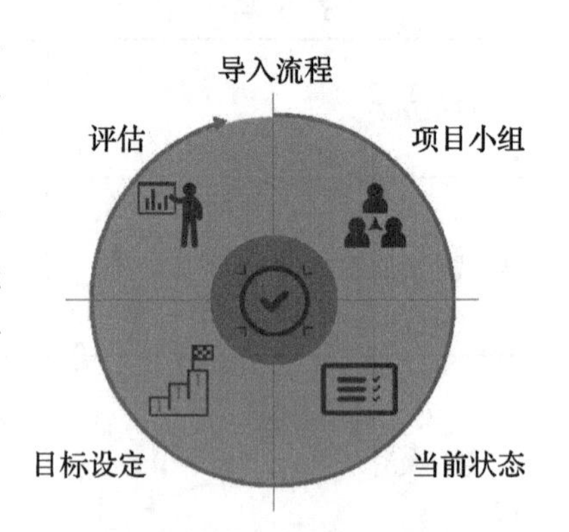

图 2-23　新架构导入流程

项目小组

项目是为了达成某个目标而创造的临时性组

织。一般而言，在信息系统的导入项目中，会涉及众多的人员和不同的职位。所有相关人员都应该充分理解项目团队所选择的目标以及达成该目标所应遵循的流程。

项目能否取得成功的一个关键因素是项目团队的组建。在信息系统的导入项目中，来自不同部门（比如规划部门、维护部门、企业 IT 部门以及后续的运行部门等）的工作人员必须紧密合作，在下一步的项目实施过程中发挥积极的作用。只有当更多的富有责任心的同事参与进来后，才能产生更多的有用信息，并在项目实施中得到充分利用。在后续的项目阶段（方案选择、系统集成以及试运营阶段）将涉及更多的软件和设备供应商。

当前状态

现有的生产线和机器设备文档及其上层系统（比如制造执行系统（MES）和企业资源管理（ERP）系统等），有助于描述信息系统的当前状态。为此我们需要收集当前使用的通信协议和接口信息，并将它们根据不同的层次进行分类（见图 2-22）。企业中长期 IT 战略和现有的供应商网络也可以成为进一步的信息来源。另外，对现状的描述也包括尽早对现有的与生产工具和设施相关的规章制度进行检查。

除了上述技术性的边际条件，组织架构和经济性也是值得关注的方面，比如现有的企业运营指标，以及与指标体系相应的数据模型定义及限制。

目标设定

在导入一个新的信息系统时，我们不仅需要上层的总体目标，同时也需要对设定的目标进行细化。由此，我们不但可以理解具体的问题，还可以通过合适的方法（比如“世界咖啡馆”（World Cafe）或者“鱼缸讨论”（Fishbowl）等）来获取恰当的解决方案。这些方案将根据主题进行分类并在整个项目小组中讨论。另一个对目标进行细分的方法是“用户故事”（User Story）。一个典型的用户故事由下列 3 个要素组成：

- 简洁的名字
- 对需求的概要描述
- 用于描述和记录故事细节的多个判断准则，并帮助说明一个用户故事是否真正完成

理想情况下，用户故事应该与供应商共同开发，以促进双方对所寻求解决方

案的更深层次理解。在这些用户故事中，角色不断被定义和进一步完善。通过对用户故事的不断完善，我们将获得详细的需求分析文档。

文档是目标设定中的另外一个重要元素，其创建过程可借助图 2-24 所示的模板来说明。它展示了基于上述方法进行分析的一个结果。

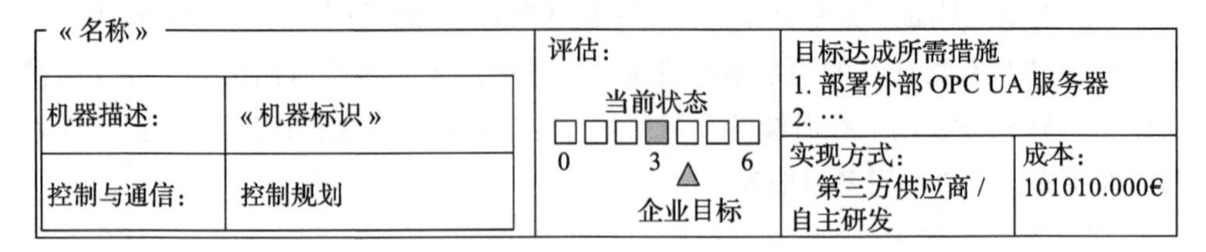

图 2-24 用于目标定义的评估样板示例

状态评估

有助于做出正确决定的重要工具就是对于所有可能的解决方案或者替代方案根据相关准则进行有效的评估[10]。下面将介绍与方案选择相关的一些基础准则，这些准则并不要求对信息系统导入过程中的所有细节实行全方位的评估。最终用户应当根据具体的情况对这些准则进行评估和扩展。

对解决方案进行评估的一些基本方面包括：概念（Kt）、接口（Sch）、生产率（Prod）、面向未来（Zs）以及成本（K）。目标是对所有方案，不管是外部的还是自有的，基于每个方案的数量和质量信息进行客观的评估。表 2-3 展示了这些基本要素以及相应的评估准则。作为方案选择的基础，我们应该在一定程度上信任并依赖基于上述准则的评估结果。但是这并不意味着，不能对所作决定的准确性和可信度进行质疑。

表 2-3 评估标准模板

领域	评估机器设备：标识			第 1 页 日期： 01.07.2017 备注
	项目编号	评估标准	评估值	
Kt	001	结构（模块化设计理念）	□□□□□	
Kt	002	标准化程度	□□□□□	
Kt	003	连接模式（固定、灵活）	□□□□□	
Kt	004	机器可读设备描述	□□□□□	
Sch	005	兼容性	□□□□□	

（续）

领域	评估机器设备：标识			第 1 页 日期： 01.07.2017 备注
	项目编号	评估标准	评估值	
Sch	006	是否使用标准接口以及国际标准	□□□□□	
Sch	007	与上层系统数据接口	□□□□□	
Kt	008	用户友好程度 / 用户交互	□□□□□	
Kt	009	生产柔性	□□□□□	
Zs	010	创新特性	□□□□□	
K	011	采购，调整	□□□□□	

小结

在本节，阐述了依据在信息模型导入过程中所起的作用，哪些边际条件更具备决定性影响；并介绍了一个有助于具体实施的导入流程。首先介绍了在生产制造中引入与其相关的信息技术所需要的基础概念以及面临的新机遇；接着介绍了一个分为 4 个阶段的导入流程模型，并详细介绍了每个阶段的作用和具体的任务，以及可采用的方法（如编写文档等）；最后介绍了信息模型导入评估准则的部分内容以及一个实用的评估模板。

第 3 章 Chapter3

OPC UA 与产业升级

3.1 OPC UA 对于控制层的意义及构想

(Dr. Henning Mersch)

当前的控制层主要由多种不同的总线和网络系统构成，而 OPC UA 为不同控制器之间以及控制器和 MES/ 管理系统之间的通信打下了坚实的基础。这对于控制器层面而言具有重大意思，因为大量来自控制器或者管理系统的厂商只专注于自己的专业领域。通过 OPC UA，控制器层面和管理层之间就可以以标准的协议实现纵向通信。对于来自不同厂商的控制器之间的横向通信，OPC UA 也提供了标准的接口。

OPC UA 另一个重要的方面是其加密通信所带来的安全性。随着工业 4.0 应用的日益普及，对于网络安全的需求也水涨船高。OPC UA 目前也是唯一内置最新网络安全技术，并在工业中得到大量应用的通信协议。

实时性是控制器层面最基本的特性，即某个给定的程序在预先确定的周期时间内能够执行完毕。目前的 OPC UA 标准及相应的实现都不支持实时性。在 3.1.1 节我们还会提到，在大部分应用场合下，OPC UA 的实时性也是没有必要的。

目前市面上广泛应用的是控制器内置 OPC UA 服务器组件。此时，控制器作为 OPC UA 服务器向外界提供针对控制程序变量和方法的访问。OPC UA 客户端（比如 MES）可以通过 OPC UA 协议对这些变量和方法执行读写操作。对于控制器之间的横向数据交换，在其中一个控制器上必须运行 OPC UA 客户端组件。目前只有极少数支持此类的组件。而 PLCopen 组织可以同时提供这两类组件[2]，有关内容我们在 3.1.2 节详细介绍。

在控制器层面满足实时性要求的前提下，进行横向通信的一个理想方式是发布者 – 订阅者模式。在第 1 章中我们也提到，OPC UA 标准的客户端 – 服务器通信范式将增加这种基于发布者 – 订阅者的模式（参加 3.1.3 节）。

OPC UA 的某些功能在控制器上目前还没有得到完整的实现，比如行业伴随标准借助 OPC UA 的元语言（meta）描述了应用领域内的特定模型。但可以肯定的是，在今后的几年内，应用领域对于这些功能的需求将会得到显著的提升。只有这样，才能在工程中真正地简化通信协议。在 3.1.4 节我们将详细讨论这部分内容。

概括而言，控制器层面的所有这些相关内容都可以被认为是面向服务控制器（SoA-PLC）的基本准则。此时，控制器作为最核心的组件，不同的层面将围绕着它来建设。由此，控制器在 OPC UA 上下文中可以被看作面向服务架构的一种服务（参见 3.1.5 节）。

3.1.1 实时性

工业控制器的一个重要特性就是能够周期性地在一定时间内执行所编写的应用程序。更进一步说就是工业控制器上运行的程序，程序一旦编写完成并测试之后，将可以永久地以给定周期实时运行。这些程序往往以 IEC 61131-3[2] 所规定的语言编写。

OPC UA 协议标准本身并不具备实时性，这从它所使用的基础通信协议 TCP/IP 就可看出。TCP/IP 协议规定，所有丢失和损坏的数据包将被重新发送，这就导致了所建立的整个通信过程几乎不可能具有实时性。

OPC UA 所使用的客户端 – 服务器通信机制也无助于提高系统的实时性。作为 OPC UA 服务器的控制器在有多个 OPC UA 客户端连接的情况下，其系统负载要明显高于只有少量客户端连接的情况。这是因为服务器需要管理所有的 TCP/IP 连接，并向每个连接通道提供传输数据。

对于控制器制造商而言，他们所面临的挑战是如何利用某种接口，从实时域向非实时域的 OPC UA 组件传送数据。该接口一般由控制器固件程序具体实现，并且每个厂商都有自己特定的解决方案。尤其是一致性数据访问，即访问控制器上同一个时间点上的多个变量，由于控制器实现机制不同，因此更是与具体制造商息息相关。

OPC UA 通信位于控制器固件的非实时域（见图 3-1）带来了开发上的巨大便利，大量的现有程序库，尤其是关于网络安全性方面的（见 2.3 节），可以无须改动而继续使用。一般而言，我们不推荐企业开发专有的网络安全组件，而是利用现有的、已经充分测试过的程序库。虽然这些库往往不是为实时领域的应用程序开发的，但是通过上述实时域 / 非实时域的分离，控制器制造商依然能够在 OPC UA 不具备实时性的情况下，利用其实现标准化的数据交换。

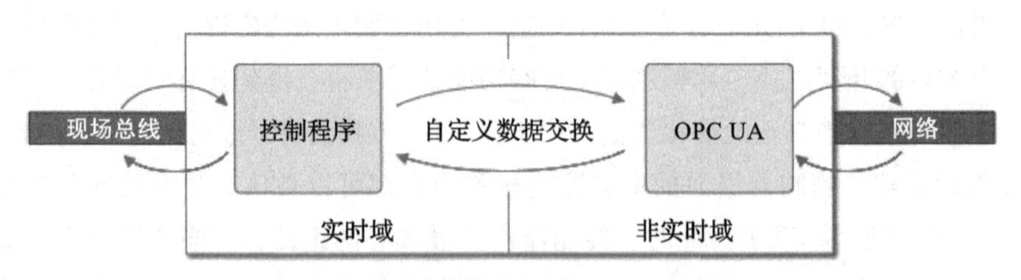

图 3-1 分离控制器的实时与非实时模块

其实在绝大部分的数据通信应用场景中，实时控制器或者实时数据访问并不是必需的。参与通信的双方都基于事件的处理方式，只有当接收数据事件被触发时，系统才开始响应。因此一般的读 / 写访问就能够满足需求。

3.1.2　PLCopen：控制层映射及功能块

PLCopen 国际组织根据不同的国际标准针对控制器设计定义了众多的重要组件。运动控制是其中一个比较经典的应用场景，但控制器与系统内其他组件的数据通信也是 PLCopen 非常关注的一个方面[1]⊖。

PLCopen 发布的第一个与 OPC UA 相关的技术规范为《 PLCopen OPC UA 信息模型》[2]。该规范主要描述了如何在 OPC UA 上下文中表述以 IEC 61131-3 语言编写的控制器程序。

IEC 61131-3 标准定义了一整套用于控制器编程的语言集合，包括功能块（FBD)、结构化文本（ST)、顺序功能图（SFC)、梯形图（LD）和指令表（IL)。除此以外，IEC 61131-3 还规定了编程模块的结构（POU、FUN、Function)，还有资源（resource)、任务（task)、运行期（runtime）等 PLC 的基础概念。所有基于 IEC 61131-3 编制的程序都有相似的组织结构。IEC 61131-3 提供了自动化系统所需要的基础架构，几乎所有的自动化厂商都支持以 IEC 61131-3 或类型编程语言编制的控制程序。另外，每个厂商还提供一些标准中没有定义的专有功能块。

PLCopen OPC UA 信息模型标准定义了如何在 OPC UA 环境中描述由 IEC 61131-3 所定义的基础数据类型（整型、实数、字符串等)、功能块、数据结构等，也就是说它在 OPC UA 和 IEC 61131-3 之间建立了一个映射。当某个 OPC UA 服务器实现了 PLCopen 信息模型，并运行在控制器之上时，就可以以该控制器制造商所定义的方式实现标准 OPC UA 访问（见图 3-2）。

但是该标准没有明确定义如何配置 OPC UA 和 PLCopen 之间的映射，即如何通过控制器代码（或者某个独立的配置工具）来设置哪些功能块在哪些条件下以何种方式（只读、只写或者读写）被访问。

众多的控制器厂商都参考了 PLCopen OPC UA 信息模型标准，并将其作为自身 OPC UA 服务器的基础。这是因为该标准向制造商提供了一个市场接受度很高的开发标准。

⊖　PLCopen 国际组织是独立于供应商和产品的全球性机构，其宗旨是致力于提高控制软件编程方法、效率、规范等相关方面问题。——译者注

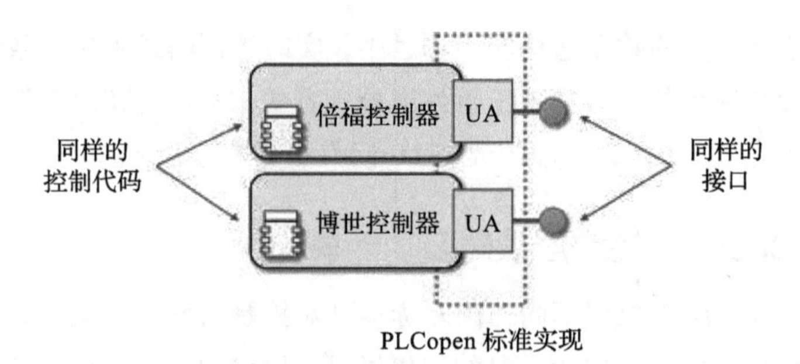

图 3-2　PLCopen 控制程序

PLCopen 国际组织针对 OPC UA 发布的第二个规范是《PLCopen OPC UA IEC 61131-3 客户端》[3]。该规范统一定义了控制器如何利用 PLCopen 功能块以客户端角色发起 OPC UA 通信（见图 3-3）。它标准化了不同用途的功能块，比如建立通信通道、解析命名空间、获取节点句柄、读写访问以及调用方法等。虽然这些并不是 IEC 61131-3 的标准功能块，但是它们确保了来自不同厂商的控制器之间一致的 OPC UA 操作。

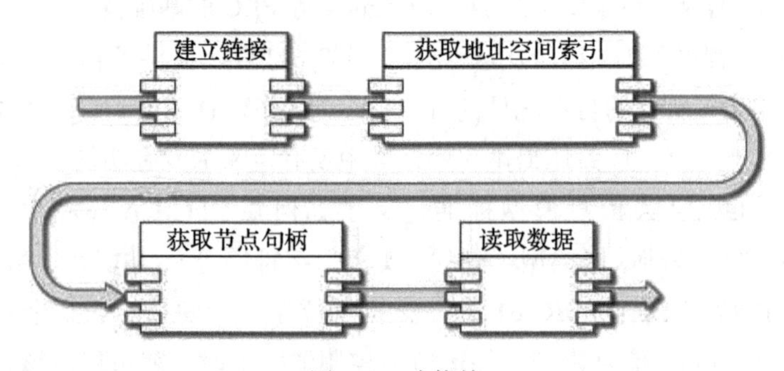

图 3-3　功能块

用户最终将受益于这些独立于制造商的标准化功能块。他们的行业知识可以不受限制地实现并易于在不同的控制器之间移植，只要这些控制器都支持这些扩展的 PLCopen 功能块。

客户端规范在市场上的普及程度远不及第一个标准。一方面在于客户端规范的发布时间较晚；另一方面，对于典型的 OPC UA 应用而言，其需求程度也相对较小。对于大部分应用而言，控制器之上的 MES 才是 OPC UA 客户端，控制器是服务器这个角色。但由此带来的问题是，MES 必须实时监控 OPC UA 服务器：只有当控制器完成某个生产过程之后，MES 才能向其发布新的指令。

将上述访问过程调转也许更具现实意义：当控制器完成某项生产指令之后，它以 OPC UA 客户端角色与 MES 进行通信，并主动提取下一个指令。

3.1.3 OPC UA 发布 / 订阅模式

如本章开始部分所介绍的那样，OPC UA 的客户端 – 服务器通信模式适合驱动非实时的数据通信。在有实时性要求的应用场合下，应该使用现场总线。同时，市场上也存在一些基于以太网的现场总线协议，比如 EtherCAT[4] 等。只要端到端之间不存在会产生延迟的组件，它们也能满足实时通信的需求。

此时取代客户端 – 服务器模式的是所谓的发布者 – 订阅者模式。发布者依据一定的规则发送数据，而一个或多个订阅者接收数据，如图 3-4 所示。对于此类包含实时性要求的通信解决方案，至今尚未发布正式标准，更多是体现在同一个制造商的不同组件之间的数据通信中。

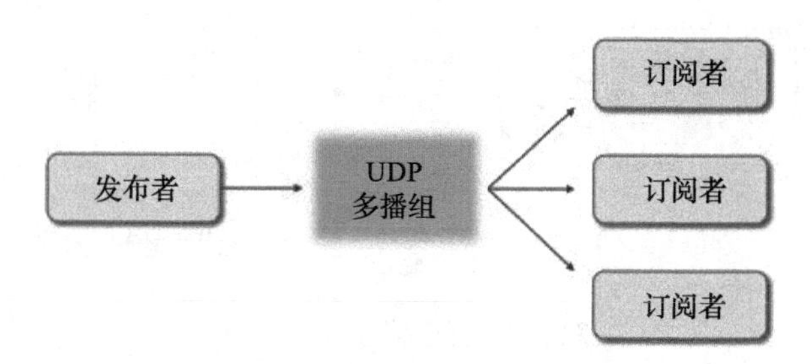

图 3-4 发布者 – 订阅者原理

OPC UA 正在对标准的发布者 – 订阅者通信模式进行扩展，以便同时支持典型的、标准的 OPC UA 数据呈现，以及当前所欠缺的实时加密的 1 : n 通信方式。新的标准在工业 4.0 框架中同时支持基于 UDP/IP 的数据传输（实时）和基于其他协议（如 AMQP 或 MQTT）的数据传输（非实时）。

当不同厂商的控制器采用 UDP/IP 协议进行数据交换时，它所带来的好处是：只要通信部分在控制器固件的实时域内实现，系统就自然获得了数据交换的实时性。

对于由此而衍生的应用，其多样性与价值至今尚无法准确估计。仅是一条生产线不同部分之间能够互相通信就可以带来巨大的收益。这些组件一般由不同的机器制造商所提供，并配备了来自不同控制器厂商的控制装置，如今这些控制器之间也需要实现信息交换。当 OPC UA 确立了某种形式的实时发布者 – 订阅者模式之后，生产线上所有不同的组件都能以一种简单而实时的方式彼此进行通信，其中也包括基于 OPC UA 定义的行业伴随标准模型所带来的众多益处。

3.1.4 行业信息模型

OPC UA 在控制器领域内还支持所谓的行业伴随标准。尽管这些伴随标准目前还没有得到大范围的应用，但是它们为用户提供了一个可能性，即在 OPC UA 元模型（metamodel）的基础上定义了用于描述特定应用领域内的专用数据类型、实例、关系等。由此，与某个特定领域相关的装备、组件或者环境等在 OPC UA 世界中的呈现方式得到了明确的规定（见图 3-5）。

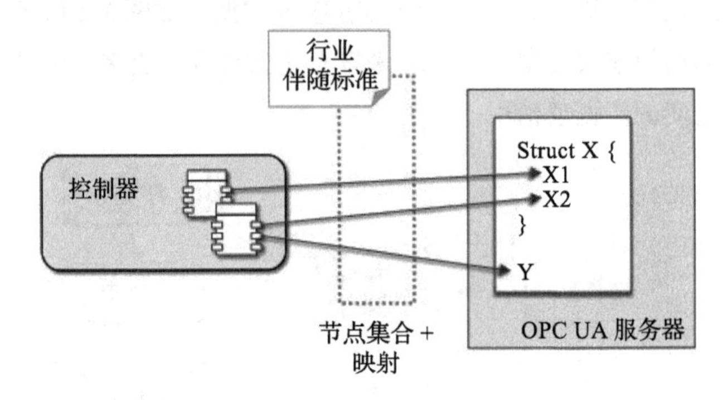

图 3-5　行业伴随标准应用

其中典型的两个示例分别为 OPC UA ADI（分析仪设备集成，Analyzer Device Integration）标准 [5] 以及 AIM（自动识别、数据采集以及移动数据通信，Automatische Identifikation、Datenerfassung und mobile Datenkommunikation）协会的 AutoID 标准 [6]。这些行业伴随标准定义了所有与行业相关的数据类型和方法等，因此无须对支持这些标准的设备做更多的配置即可对其进行访问。更多与特定应用领域相关的模型正在制订中，比如塑料工业的 EUROMAP77。有关伴随标准的更多内容请参阅 2.2 节。

借助 OPC UA 特定应用域模型的确立，长久以来一种处于讨论中的即插即生产（plug-and-produce）理念才有可能成为现实（见 5.4 节）。

在控制器层面由此产生了两个可能性，一个是通过控制器模拟这些行业设备。控制器在运行的 OPC UA 固件内实现或者导入伴随标准，并以 OPC UA 服务器形式向外部提供服务。对于从外部与其建立连接的 OPC UA 客户端而言，它根本无处得知通信的另一端并不是所谓的“原生”（native）设备，而是运行着所需软件的一台通用型控制器。从特定应用域模型的角度来看，控制器此时取代了行业设备的角色。

另一个可能性则是为控制器添加额外的用于与行业设备通信的函数库。控制器编程者无须关注行业设备的具体特性，而完全可以依赖配套行业标准所规定的各项功能。

从控制器的角度来分析，OPC UA 所能提供的众多技术可行性却对应用域模型构成了一定的威胁。当这些模型充分利用了 OPC UA 所有的功能并在控制器层面向外提供服务时，这也意味着控制器必须同时支持这些功能。

然而在实际应用中，情况往往有所不同。许多 IEC 61131 控制器出厂设置为静态内存分配模式，也就是说，对于编程人员所熟悉的动态内存分配方式，目前只有少数自动化厂商的控制器能够支持，比如倍福的 TwinCAT 系统。不支持动态分配的系统也可以通过在 OPC UA 协议栈中分配一个大的数组来规避这个问题。另外，并不是所有的制造商都支持控制器上的方法调用，因此，OPC UA 应用域模型应当依据所使用的控制器类型合理地利用 OPC UA 功能范围。

OPC UA 以 XML 格式描述行业伴随标准，并且类型和实例的编码位于节点集合内。OPC UA 服务器可以方便地加载或者导入这些信息模型。而控制器厂商只需要确定规则，以便将节点集合内的数据点与控制器上的实际数据点连接起来。

装备了上述行业伴随标准的下一代控制器由此获得了更好的设备互换性和互操作性。它们既可以直接作为特定的行业设备来对待，同时也极大地简化了人机交互界面等外部组件对其数据的访问。

3.1.5 基于 SoA-PLC 的 TwinCAT 理念

倍福公司的新一代自动控制系统 Twin-CAT3 体现了新的 SoA-PLC 理念（见图 3-6），即此现代控制器能够与其他基于 OPC UA 的控制器或控制系统实现无障碍的数据交换和互操作。该理念包括了众多的 OPC UA 通信方面的部分功能子集，并且阐明了 OPC UA 在控制器层面应该提供的功能。

SoA-PLC 这个术语其实是从面向服务的架构中衍生而来的，此时的 PLC 也可被看作服务提供者和使用者。在该架构中，所有参与者的行为都遵循上述行业伴随标准，或者能够提供额外的服务。控制器作为该理念的核心部分，主要的任务为实现实时逻辑处理和控制相应的输入 / 输出信号。数据则由实时域采集并经由

OPC UA 向外部提供。现代控制器（包括倍福的 TwinCAT）设计常常基于所谓的软 PLC 概念，即控制器内核运行于通用 PLC 和实时操作系统平台之上。

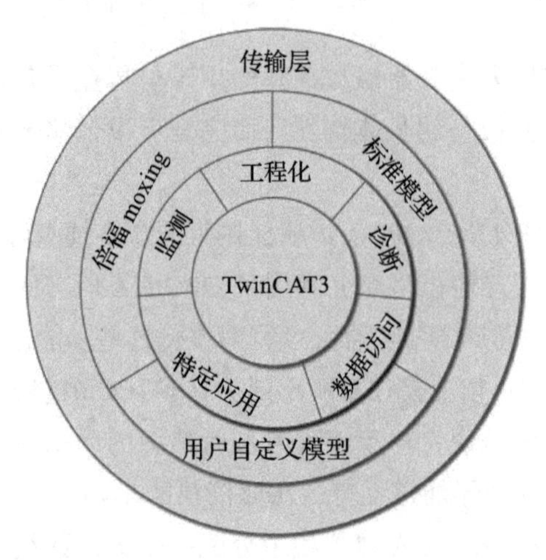

图 3-6　TwinCAT 3 SoA-PLC

在图 3-6 所示的 SoA-PLC 结构中，环绕着最内层的是第二层服务。这些服务都基于 OPC UA 的基础数据类型和方法。通过这些服务，用户可以实现许多功能，比如对控制器的管理和配置。甚至整个 PLC 工程都可以借助 OPC UA 服务，比如 UA-Filetransfer 文件传输服务可以实现备份保护，尽管这种备份保护措施目前因为安全基础设施在工程实施阶段并不十分受重视。如前面章节所述，PLCopen 规范将 IEC 61131-3 控制程序结构映射至 OPC UA 世界，而基于该规范的数据整理和供应也位于这一层。除此以外，在这一层还可实现设备监控服务、实时程序运行监控服务以及与特定应用相关的服务等。

SoA-PLC 结构的第三层提供了自定义类型和高附加值功能，这同时有助于提高语义层面的互操作性。这些服务包括了行业伴随标准以及制造商自定义的模型，比如倍福通过 OPC UA 向外提供的 IPC 诊断接口。在该层面，还允许大型制造商定义自己的模型并部署在自有的生产线中，而无须对模型进行标准化认定。

SoA-PLC 结构的最外层是具体的数据通信，即数据如何在服务提供者和消费者之间实现传输。OPC UA 传输层提供了两种形式：基于 TCP/IP 连接的客户端－服务器通信模式和基于 UPD（更准确地说是 MQTT/AMQP 协议）的发布者－订阅者通信模式。同时，网络安全的保护机制也位于该层面，以便更好地保护内层结构。

3.1.6 控制器中 OPC UA 的现状与未来

对于现代控制器而言，OPC UA 已经成为事实上的互操作标准。由于历史原因，在某些应用领域始终存在着 OPC UA 的扩展改型。但毫无疑问的是，OPC UA 协议正在不断提高它的应用范围、承载能力和可靠性。OPC UA 独一无二地将数据通信、基于类型的系统和普遍认可的网络安全技术整合在一起，使得它无可争议地成为工业 4.0 产业革命中的通信标准，就如同工业 4.0 平台组织 [7] 在它的实施战略中所指出的那样。

在当前控制器上，OPC UA 主要作为一个操作方便并且已标准化的数据通信管道来使用。OPC UA 的方法调用服务虽然保存在控制器上，但并没有得到广泛的应用。OPC UA 的许多特性（比如类型系统等）的价值由于行业伴随标准的存在才刚刚开始显现。

同一个工厂 / 生产线内部的互操作性仍然是目前 OPC UA 应用的主要关注点，这也意味着 OPC UA 固有的网络安全功能并没有得到有效利用。但是随着通信范围的扩展（比如与云端的数据交换），网络安全则成为系统不可或缺的组成部分。由于所有 OPC UA 组件（甚至是不包含控制器功能的小型设备）原生地支持网络安全功能，因此对于基于 OPC UA 的应用而言，网络安全是一个可以随时激活的选项。

OPC UA 引入的发布者 – 订阅者模式使得 1 : n 的数据交换成为可能，并由此打开了连网的应用程序使用 OPC UA 高级特性（类型系统、网络安全）的大门。而正是因为 OPC UA 的类型系统，使得 OPC UA 相比其他的工业 4.0 通信协议（如 MQTT 和 AMQP），在提高数据通信的互操作性方面具备无与伦比的巨大优势。

小结

OPC UA 已经成为现代控制器中一个不可或缺的重要组成部分。OPC UA 作为市场上广泛接受的唯一内嵌安全机制的通信协议，几乎每个控制系统的产品手册上都提供了 OPC UA 接口。

对于如何将非实时的 OPC UA 与控制器实时域集成到一起并进行数据通信，每个控制器厂商都有专用的接口和实现方式。PLCopen 国际组织标准化了 IEC 61131-3 控制程序与 OPC UA 服务器命名空间之间的映射关系。OPC UA 客户端由此可以获取控制器程序以及变量的当前值。

尽管市场接受度不高，但是 PLCopen 标准中还定义了控制器实时域作为 OPC UA 客户端实现与服务器间的通信。这些标准化的 PLC 功能块使得用户能够编写独立于控制器的通信程序。

现今的控制器仍被视为某台单独的控制设备，而不是某种特定类型的机器设备。而这正是新的行业伴随标准所希望达成的目标，即控制器通过 OPC UA 呈现为某个特定行业设备。

SoA-PLC 理念展现了一个从实时域经由模型层一直到通信层的多层次结构，其面向服务的思想保证了系统中存在众多的服务提供者和消费者。由此造成了系统的每个层面都需要同时集成 OPC UA 服务器和客户端组件。

当新的基于发布者 – 订阅者机制的 1 : *n* 通信得到支持的时候，OPC UA 和控制器的集成就可以以另一种方式来实现，即 OPC UA 以 UDP 多播的方式集成在控制器的实时域内。倍福公司已经展示相关的解决方案。

3.2 西门子控制器中的 OPC UA

(Jan Bajorat)

3.2.1 西门子与 OPC UA

西门子作为自动化行业的领头羊，也是最早参与建立 OPC 基金会的成员之一。西门子基于工业 PC 的 SIMATIC NET OPC UA 服务器也是世界上最早获证正式认证的 OPC UA 产品之一。根据西门子的阐述，OPC UA 对于工业 4.0 战略具有重大意义。这也体现在位于自动化金字塔不同层面的西门子产品系列中，它们都包含了众多的 OPC UA 组件（见图 3-7）。

在西门子的产品系列中，一个有趣的现象是，OPC UA 不仅位于“传统”的基于 PC 的设备（比如 MES、SCADA、HMI 等）上，同时也越来越多地出现于控制器层面甚至现场级层面的设备中，例如 SIMOCODE 电机起动器以及 RFID 读卡器 SIMATIC RF600 等。同时 AIM 工业协会也发布了 OPC UA AUTO-ID 行业伴随标准（具体参阅 2.2 节），由此将显著降低 RFID 读卡器集成到整个系统的成本。

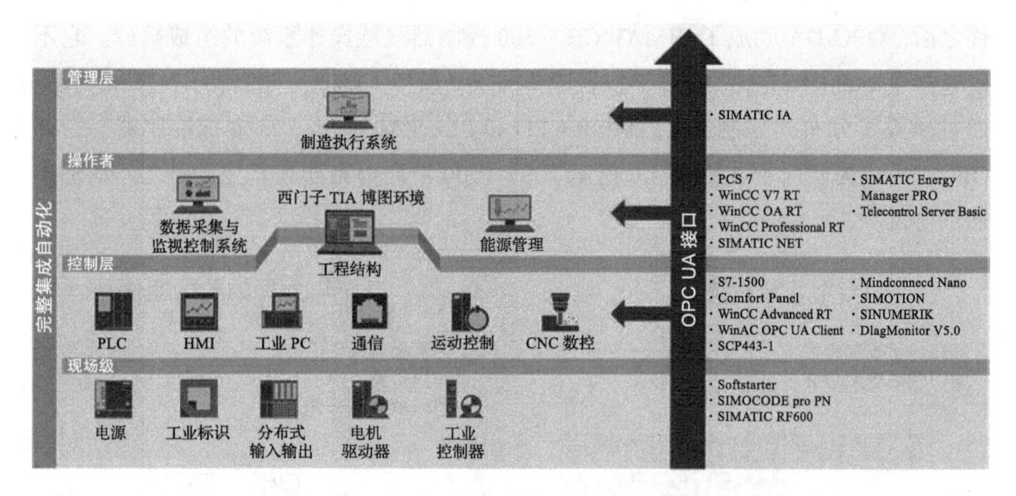

图 3-7　西门子产品中的 OPC UA [© Siemens 2017]

3.2.2　OPC UA 与 PROFINET

OPC UA 在西门子设备中得到广泛应用的一个重要原因是，OPC UA 和现场总线 PROFINET 的完美兼容。PROFINET 作为开放的现场总线标准，类似于 OPC UA 协议独立于具体制造商，几乎被所有的西门子设备所支持。由于 PROFINET 是完全基于以太网的，并且支持 TCP/IP 数据交换的完全收敛，所以 OPC UA 和 PROFINET 可以在同一条线缆上并行运行，并利用各自的优势相互补充（见图 3-8）。PROFINET 最重要的特点是对现场级设备提供了必要的时间确定性和实时性。它支持总线周期直至 31.25μs 的 I/O 数据交换、完备的现场设备诊断机制以及众多的行规（profile)，比如针对功能安全（functional safety）的 PROFIsafe。OPC UA 最强大的功能在于其基础信息模型和所提供的 SoA 服务（面向服务的架构)。这些功能使得 OPC UA 设备在实时性要求不那么高的应用场合可以更方便地集成到整个系统中。OPC UA 更多的是应用于自动化金字塔内的垂直方向的通信，比如现场 / 控制器层面与 HMI/SCADA/MES/ 云之间的数据交换。当事关异构系统内不同子系统的集成时，在线浏览器（online-browser）往往成为一个具有决定性的因素。

3.2.3　SIMATIC S7-1500 控制器与 OPC UA

自从 2016 年 9 月西门子发布了新的组态软件框架 TIA Portal V14 以及 2.0 固

件之后，OPC UA 就成了 SIMATIC S7-500 控制器家族操作系统的组成部分。它不仅包括了标准的 S7-500 控制器以及功能安全 / 技术 / 软件 – 控制器 S7-1500F/T/S，而且涵盖了分布式控制器 ET200SP CPU 和 PLCSIM Advanced 虚拟控制器。由此 OPC UA 成为西门子在工业 4.0 框架下 S7-1500 系列控制器和其他设备之间的标准通信协议。

专用总线系统

· 高昂的系统管理成本
· 受限制的单元理念

管理层
企业资源规划
制造执行系统
操作层面
数据采集与监视控制系统
控制器层面
PLC
人机接口
现场级
传感器
执行器

基于以太网的数据通信

· 互操作性
· 高带宽
· 一致的网络拓扑

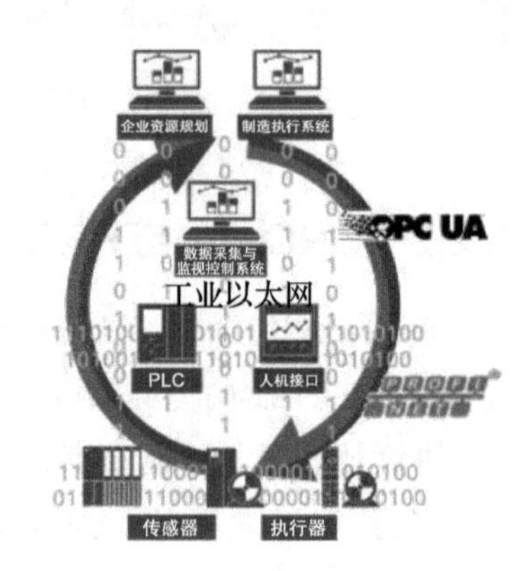

图 3-8 OPC UA 和 PROFINET 的共生关系 [© Siemens 2017]

功能概览

自 2.0 固件之后，在 S7-1500 系列控制器上所有开放的数据都可经由操作系统内置的 OPC UA 服务器被外界访问。PLC 编程人员可以自由决定数据的读写属性（比如只读、只写或者不可访问等），无论这些数据是位于优化还是未经优化过的数据块内。除了 SIMATIC 提供的数据类型，OPC UA 服务器还可对任意的结构体和数组提供整体访问，这对大型结构体和数组的访问速度至关重要。

OPC UA 客户端获取数据的另外一个途径是借助 OPC UA 的订阅机制使订阅数据发生变化。此时 OPC UA 服务器监控数据状态，只有在数据状态发生变化时才发送数据的当前值。该机制极大地降低了网络负载，非常适用于人机互动与监控等场合。结构体和数组也可以作为整体被监控。

安全机制作为 OPC UA 内置的标准功能，在西门子设备中享有极高的优先级。

S7-1500 系列中的 OPC UA 服务器在应用层面具备当前最新的 OPC UA 网络安全机制，包括基于 SHA256 证书的 256 位加密通信。在用户认证方面，OPC UA 服务器也同时支持匿名和基于用户名和密码的登录方式。

用户可在系统运行时浏览 S7-1500 系列控制器上的 OPC UA 服务器。除此以外，用户也可以在 TIA-Portal 环境中一键导出 OPC UA 服务器的地址空间。OPC UA 客户端也可以在与服务器断开的情况下进行工程化实施，该方式尤其适合缺乏控制器的场合，比如公司中的人机交互部门或外包供应商离线进行人机交互界面设计等。OPC UA XML 导出基于 OPC 基金会的 XML 模式（schema）。这样用户除了在 TIA-Portal 图形界面上进行操作之外也可以通过命令行方式导出 OPC UA 工程。由此带来的好处是，整个 OPC UA 工程的导入 / 导出可以以一键方式集成到任何一个组态工具中（见图 3-9）。OPC UA 客户端开发人员无须实际操作 TIA-Portal，也因此无须拥有任何有关 TIA-Portal 的知识。S7-1500 系列控制器中的 OPC UA 服务器的认证基于嵌入式子集（embedded profile，参阅 2.4 节）。

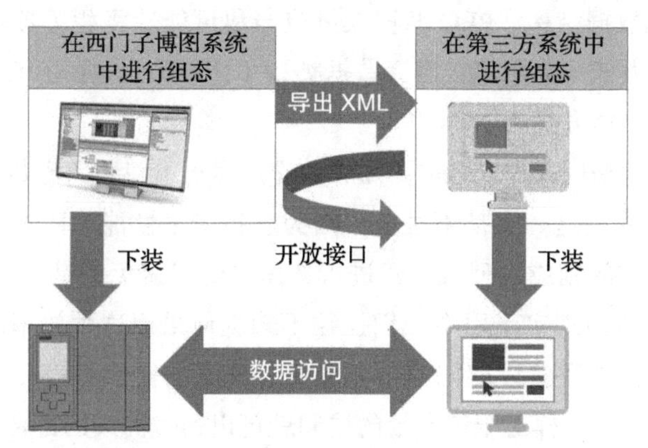

图 3-9　OPC UA 客户端完整离线组态 [© Siemens 2017]

OPC UA 服务器配置

S7-1500 中的 OPC UA 服务器可完全经由 TIA-Portal 进行配置。在没有网络安全需求的情况下，整个配置过程仅需三步即可完成，之后用户只要在 CPU 硬件配置中激活 OPC UA 服务器。因为 OPC UA 运行期许可证是一种付费许可证，所以用户最后还需确认购买与所使用 CPU 类型相匹配的运行期许可证。此时，PLC 编程人员就可以通过 PLC 变量旁边的复选框来决定是否允许 OPC UA 客户端通过控制器内置的 OPC UA 服务器访问该变量以及访问权限，比如只读或者读写等。

网络安全配置同样可在 TIA-Portal 中实现，其中的“全局网络安全设置”组件具有极其重要的地位。通过该组件，用户可以从 TIA-Portal 中导出或者向 TIA-Portal 内导入对于整个产线网络安全至关重要的数字证书。

有关 OPC UA 服务器配置的详细信息，请参阅具体设备的相关手册。西门子官网也提供了许多应用实例。

性能与细节

由于现实应用中存在着很多影响性能的因素，大多数情况下很难得到准确的性能评价，一般都是基于标称值和经验值来进行大致估算的。而且，对于极限压力测试场景，实际往往也缺乏具体的测试用例。影响性能指标的主要因素包括以下几个。

1. CPU 类型。将 CPU 模块从 CPU-1516 或更低级别升级到 CPU-1517/1518 将带来通信处理能力的显著提升。

2. 程序中的数据结构。PLC 编程人员应当尽可能地将相关数据以数组形式整合在一起，次优方式则为用户自定义数据类型（UDT）。这样 OPC UA 客户端就可以对这些数据以整体方式访问。

3. 优化客户端访问操作。OPC UA 客户端应尽可能对数组和数据结构进行整体访问，无论如何强调这一点都不过分，因为它将带来性能的巨大提升。对于多个 OPC UA 节点的访问则应以列表形式进行，需要绝对避免的是在一个 FOR 循环中访问单个节点，然而现实应用中人们往往不知觉地采用这种效率低下的方式。当 OPC UA 客户端需要重复读取同一个变量值时，应尽量使用 OPC UA 的寄存器节点（register node）。这样对于该变量的访问就可以通过高效的寄存器读写操作来实现（register read/write）。客户端在初次访问某个变量时，首先从服务器端获取内部 / 优化后的地址，并将其保存于本地。在之后的访问操作中，客户端将一直使用该变量的内部地址。而服务器端在访问时也可以避免开销巨大的字符串转换、比较和查找操作，这在多变量访问时对于降低访问时间尤其明显。此外，OPC UA 客户端还应该缓存 OPC UA 服务器的类型定义，以避免在每次后续访问时都要重新查询。

4. 额外的通信负载。对于所有非时间确定性的数据通信（包括 PROFINET 通信），SIMATIC S7-1500 对数据包并不进行优先级排序。因此 OPC UA 数据必须与其他数据（比如 S7 本身的通信数据、开放式用户通信、网页服务器等）共享控制器的通信资源。

当 OPC UA 客户端以订阅者模式运行时，性能的主要影响因素有以下几个。

1. 监控目标的数量。对于所订阅的所有元素，OPC UA 服务器必须定期查询它们的状态变化，这会显著增加系统的通信负载。因此，系统应当只监控那些当前应用真正需要的变量，其余的变量则可通过 OPC UA 客户端暂时禁用功能停止监控。

2. 采样及发布周期。这两个时间参数对于由 OPC UA 订阅机制引起的系统通信负载具备很大的影响。设定这两个参数应满足两个原则：周期时间应尽可能小，以便客户端快速更新所订阅的变量值；周期时间在满足系统需求的情况下应尽可能长，以降低服务器负载。用户可在 OPC UA 客户端中修改采样周期，SIMATIC S7-1500 控制器内置的 OPC UA 服务器根据自身所支持的采样周期挑选出与希望值最接近的下一个周期值来修订内部设置。客户端可以自由选择 OPC UA 发布周期，但是依据 CPU 类型，一般存在一个最小值。PLC 编程人员可根据应用场景在 TIA-Portal 中修改 CPU 最低采样周期和发布周期时间，以降低设计糟糕的客户端所导致的服务器通信负载。在大部分应用场合中，采用相同的采样周期和发布周期是比较合理的选择。

对通信性能影响相对较小的因素包括以下几个。

1. 使用优化的网络接口。从以往的经验来看，应尽可能使用最高数字编号的以太网接口。以 CPU-1518 为例，X3 网口为千兆网，而 X1 接口在大部分情况下都预留了一部分资源给 PROFINET 实时通信。

2. 网络安全设置。在本节最后的性能测试实验中，我们可以发现网络安全机制（比如数据加密等），这对于系统性能存在一定的影响，但是相比较而言，其影响程度不大。

总体而言，系统性能对于 OPC UA 应用（尤其是位于 S7-1500 系列控制器上的应用），是否成功以及是否可以提供高用户满意度是一个不容忽视的重要因素。它决定了 CPU-1518 模块在 1s 内能够传输的变量数目：3000 个还是 300 000 个？

在图 3-10 所示的性能测试示例中，包含了另一个不同的 CPU 模块 CPU-1510（由分布式 ET200SP CPU 模块所提供）以及 CPU-1518（S7-1500 系列中性能最强劲的 CPU 模块（见图 3-11））。整个系统配置和流程在测试中保持不变。

- 加载某个应用程序并以 10ms 的周期运行。
- 最大通信负载设置为 50%，由于通信负载这个周期最大可能上升至 20ms。

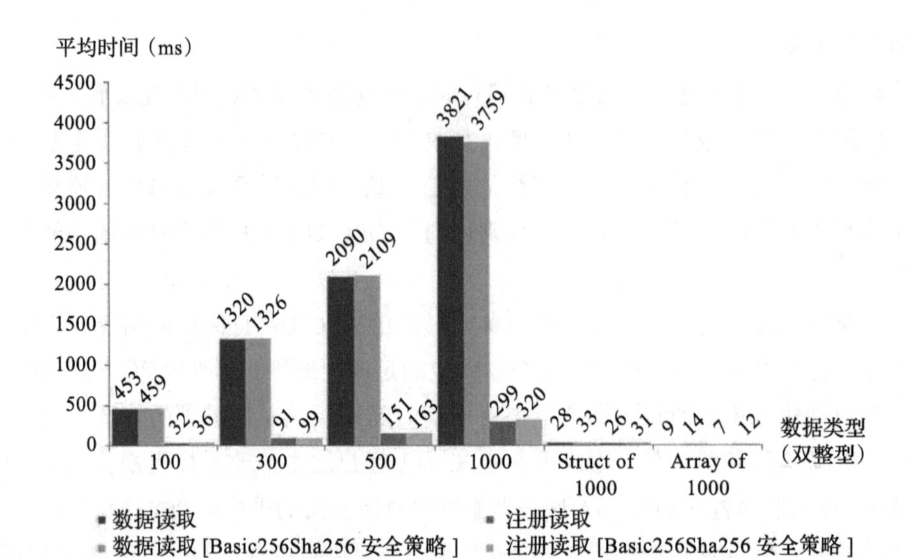

图 3-10 西门子 1510 CPU 性能测试，周期时间为 10ms，固件版本为 2.0 [© Siemens 2017]

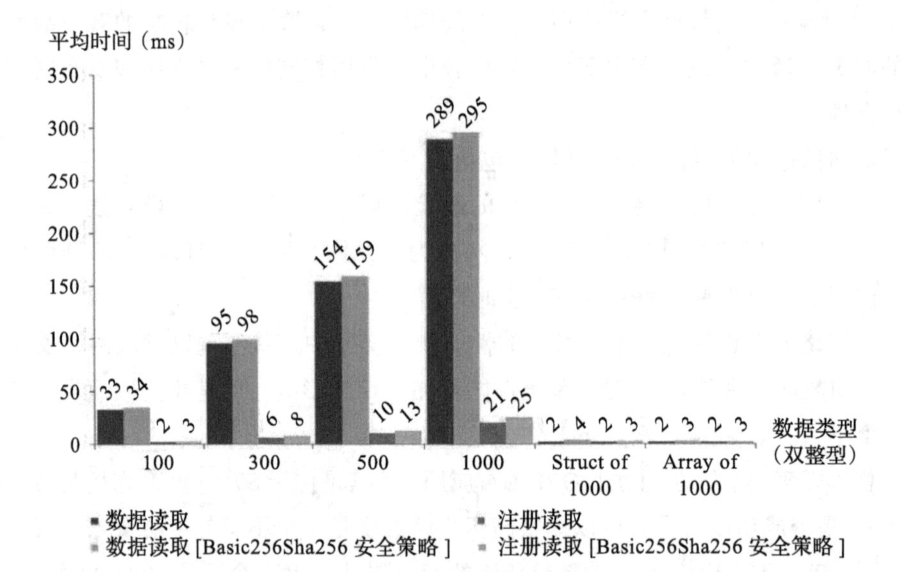

图 3-11 西门子 1518 CPU 性能测试，周期时间为 10ms，固件版本为 2.0 [© Siemens 2017]

- 测试中分别读取 100、200、500 和 1000 个 DINT 类型的变量值，以及整体读取包含 1000 个 DINT 变量的数据结构和数组。
- 上述读取操作以正常变量读取和寄存器读取两种方式分别进行测试。
- 上述两种读取方式在无网络安全设置和最高网络安全级别 Basic256Sha256

签名并加密的情况下分别测试。

- 整个测试过程重复 100 次，然后取统计中值为最后的结果。

通过评估测试结果，我们可以从中得出如下结论和建议。

1. 多变量访问应采用寄存器读操作方式。利用 OPC UA 寄存器节点功能可带来 10 倍左右的速度提升。寄存器操作模式更适合用于变量被重复访问的场合，因为变量访问之前的地址缓存也会导致额外的系统开销。当一次访问需要读取多个变量时，效率提升更加明显。假如仅需读取一个变量，尤其是整个数组这样的大变量，寄存器操作方式与普通方式之间的差异几乎可以忽略。

2. 应以整体方式访问数据结构和数组。针对数据结构和数组等复杂数据类型，整体式访问也将带来 10 倍左右的速度提升。再加上优化地址的寄存器操作方式，与普通访问方式相比，整个系统将有 100 倍的性能提高。这也就意味着在大数据量传输的场合下，应将变量整合为数据结构或者数组的形式，并以整体方式进行读取。在访问多个数组时，也应该对访问操作进行调整以满足上述规则。

3. 安全设置仅导致少量的负载增加。以最高网络安全等级 Basic256Sha256 签名并加密方式运行的数据读取时间，相比根本没有防护的操作大概超出了 10%。与此相对，OPC UA 服务器和客户端建立连接的时间由于非对称加密的缘故则要长得多。

问题及展望

将 OPC UA 服务器内嵌于 PLC 中对于 SIMATIC S7-1500 控制器来说，不同应用场景中的无缝集成是一个重要的前提。对于许多应用来说，控制器在系统中仅是一个被动器件，即以 OPC UA 服务器方式来运行是远远不够的。尤其是在新的工业 4.0 大环境中，控制器常常作为主动的角色，在系统需要的时候，能够主动与通信对象建立连接并实施数据交换。因此在 S7-1500 系列控制器上实现 OPC UA 客户端是一个很自然的选择。

于 2017 年发布的 OPC UA 标准 1.04 版包含了基于 UDP 和 AMQP 协议的发布者 / 订阅者扩展模型。在许多应用场合中，我们会发现在 PLC 上实现该标准具有非常重要的实际意义。

3.2.4　S7-1500 内置 OPC UA 的替代选项

本节罗列了在不要求实现 S7-1500 内置 OPC UA 全部功能的场合下的一些

替代方案。考虑到 OPC UA 的活力以及不断涌现的对现有方案的重新实现和扩展，寻找一个适合具体应用的最佳方案始终是一项值得投入精力的工作。以下关于当前最受欢迎解决方案的概述可以作为进一步调研的一个参考。更全面的包含 OPC UA 功能的西门子产品列表请参考 OPC 基金会网址 https://opcfoundation.org/members/view/353。

SIMATIC 网络 OPC UA 服务器

SIMATIC 全系列控制器都可以通过基于 SIMATIC 网络 OPC UA 服务器的网关实现与其他网络的通信，该 UA 服务器支持多达 512 个 SIMATIC 控制器。该方案尤其适合当前仍在使用 SIMATIC S7-1200/300/400 系列控制器的应用场合。经由 SIMATIC 网络的 OPC UA 服务器，用户不仅可以利用 OPC UA 的数据访问服务来读写数据，还可以借助 OPC UA 的报警和状态监控服务访问报警信息。另外网络中的其他设备也可通过 OPC UA 客户端建立与该服务器的连接。

SIMATIC CP 443-OPC UA

对于 SIMATIC S7-400 系列控制器而言，另一个选项是通信处理器模块 CP 443-1 OPC UA。该模块集成了一个 OPC UA 服务器和一个客户端，这两者都支持 UA 数据访问服务功能。当 CP 443-1 OPC UA 运行于客户端模式时，还可以直接与基于 PCS7 的过程控制系统交换数据。

SIMATIC WinCC Advanced & Professional

西门子 HMI 运行期 WinCC Advance 和 SCADA 运行期 WinCC Professional 专业版同时支持 OPC UA 客户端和包含数据访问功能的服务器。

TeleControl

OPC UA 也可用于实现远程控制。该应用场景的核心是 TeleControl Server Basic 软件，它作为一个网关将现场级的分布式 RTU（Remote Terminal Unit）与主控系统（SCADA）融合在一起。举例而言，当 SIMATIC RTU3030C 或者 S7-1200 与 4G 通信模块 CP1243-7 一起作为远程站点时，SCADA 系统就可以利用该软件的数据访问（DA）服务和历史访问（HA）服务实现对远程站点的操作。

小结

OPC UA 对于自动化市场中领头羊西门子的未来战略发展具有重大意义，这也是西门子在所有自动化层面的不同产品中几乎都实现 OPC UA 功能的原因所在。尤其作为面向不断发展的数字化和工业 4.0 的 SIMATIC S7-1500 控制器，OPC UA 成为唯一用于连接其他设备和 IT 系统的开放式标准接口。

3.3　OPC UA 与现有设备升级

(Chris Münch/John Traynor)

当 OPC UA 由工业界推动实施时，将带来众多的优势。来自不同厂商的设备可以轻易地相互连接，并通过即插即用（plug-and-play）方便的安装调试和配置，同时提供设备之间高效和可靠的数据通信。虽然单个设备肯定能从连网中获益，但更重要的是整个系统，尤其是当系统中所有设备都支持 OPC UA 时，OPC UA 作为工业设备相互连接的标准通信协议，将带来更多的优势。理想状态下，这不仅包括现场级数据通信，还包括工厂之外的企业级应用和云服务等。

然而在工业自动化领域如今并没有太多新的成套设备，新建工厂也只占整个制造业很小的一部分。而工程界则顺势将方向调整为维护现有产线的运行与逐步改造升级现有系统。这种以渐进方式实现完全的 OPC UA 功能当然比一步到位的实现要复杂和耗时，由此带来的是多样的数据采集和传输协议，因为此时在所有联网设备中以标准协议来进行数据交换近乎不可能。但是实际应用中存在的一些方案能够将已有配备的老旧设备和过时通信协议的应用融合到以 OPC UA 为基础的最新系统中。

OPC 基金会在设计 OPC UA 协议时就考虑到了如何兼容上一代产品的问题。为此 OPC 基金会针对依然使用上一代 OPC DA 协议的应用场合，发布了特别的系统融合指导原则，但是该原则并不适合基于其他通信协议的应用。工业设备的寿命往往以 10 年为单位来计算。现实中存在大量的设备，它们在 OPC 协议出现之前就已经投入运行。根据 2015 年的统计，美国生产线的平均寿命程度为 22 年[8]。当然处于不同行业的设备，其平均新旧程度有所不同。其中机械制造行业大致为

15.0 年而纺织行业为 28.8 年[9]。由此可见，要将工业生产中的所有设备都替换为配备 OPC UA 的新一代产品依然任重道远。

另一方面，即使整个工业界已经完全切换到 OPC UA，这也并不意味着生产车间之外的商业应用也无缝支持 OPC UA。或者在某个企业内部，OPC UA 已经确立了作为标准通信协议的地位，但是仍不能保证与供应链伙伴和服务供应商之间的数据交换也基于 OPC UA。但是实际上，工厂之外的商业领域内的技术发展速度远远快于工业领域。

在面对长期的设备寿命以及快速的技术变革时，企业所面临的挑战是如何将现有的相互之间或者与上层系统无法通信的设备与新一代设备融合在一起。这样一个愿景，即所有的工业环境都将从 OPC UA 技术优势中获益，很有可能仅仅是一个幻想。

现在市场上也不乏相应的解决方案来融合 OPC UA 与未基于 OPC 协议的现有系统。下面我们详细审视 3 种不同的应用场景并分析每种方案的优点和成本。另外还将评估商业工具的部署，以便将 OPC UA 与内 / 外部 IT 系统甚至云服务连接起来。最后将介绍具体的商业工具应用场景，它很好地平衡了技术优势和实施成本。

3.3.1 OPC UA 全面实施的意义

如前所述，配备 OPC UA 的单个设备当然也能从中获益，但是更大的优势体现在系统级别。此时整个系统只有一种数据模型，它定义了明确的方法调用来实现与每个设备的通信流程，该流程独立于任何制造商或者机器设备的具体构造。借助命名空间内的名称，数据可以被任意读取。OPC 基金会还提供了认证工具程序（见 2.4 节），额外保证了不同厂商的设备和软件之间的互操作性。这样，工业设备的拥有者和使用者能最大程度地在不同工业自动化系统层面使用同样的 OPC UA 程序。

3.3.2 方式 1：快速大规模移植

充分利用 OPC UA 技术优势的一个最为便捷的方法是进行大规模的快速移植（见图 3-12）。系统内所有的设备几乎在同一时间点保证对 OPC UA 的兼容。对于每个设备以及在该设备上运行的应用程序而言，由于仅存在唯一一个一致的参考系统，因此 OPC UA 可以立即部署并投入使用。

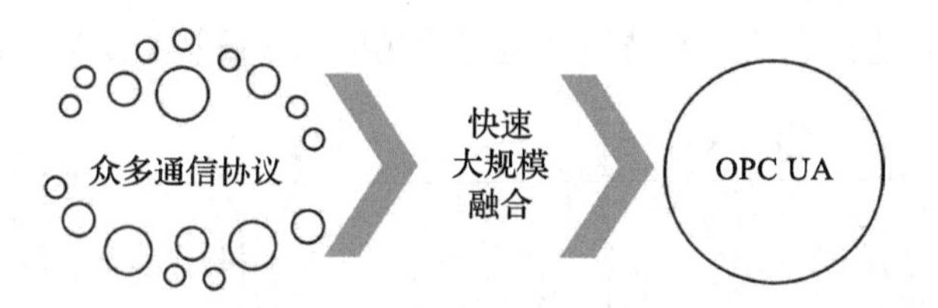

图 3-12　快速大规模移植

该方式极具吸引力的地方在于用户可以以最快的速度从 OPC UA 的众多技术优点中受益，而且还规避了在系统中融合不同通信协议的挑战。移植一旦完成，用户就无须对单个组件（往往是专有设备）和协议进行维护。长期来看，因为不同厂商的产品之间良好的互换性，整体的系统维护成本显著降低。强大的 OPC UA 设备的即插即用功能也使得置换系统内的设备和向系统中添加设备变得更加简便。不仅如此，系统内异构设备之间数据传输的可靠性问题也得到了一次性的完美解决。

尽管快速大规模移植方式具有上述众多的优点，然而在工业企业中，一次性置换掉所有的设备在某些条件下几乎是不可能完成的任务，因为这意味着更高的前期准备工作成本和系统复杂度。对以下情况，该方式或许是可行的方案：小型工业企业或者企业内大部分设备已经配备了 OPC UA 功能，仅需对小部分剩余设备进行改装或置换。无论如何，企业所有人或者管理层在决定之前，应对由此产生的短期成本和长期成本进行评估和比较。

3.3.3　方式 2：渐进式移植并支持更多的现有协议

这种渐进式移植的方式从很多方面来说都是一种最易于实施的方案，并且在移植的初始阶段对时间、成本的要求也是最低的（见图 3-13）。唯一一个前提条件是新增加的设备必须支持 OPC UA 功能。原有设备可以以现有的通信协议继续运行，OPC UA 功能则在设备置换或者升级的时候逐步融合到整个系统中。当决定采用该方式来进行系统移植时，所有新采购的设备必须支持 OPC UA 功能，而寿命到期的旧设备则应替换为兼容 OPC UA 的新设备。对于只能改造升级的设备，也应该确保设备升级后支持 OPC UA 协议。当整个系统中的所有设备通过逐步置换、升级都支持 OPC UA 时，UA 就自然成为系统中唯一的数据通信标准协议。

这种方式的一个优点是，现有的设备和系统可以在没有任何副作用的前提下继续运行。其缺点则是整个工厂环境以及众多的应用程序在 OPC UA 之外仍然需要支持其他的通信协议。该方案的前期投入相对比较小，但是在系统内所有设备都支持 OPC UA 之前，将产生持续的运营费用以用于设备置换或升级。

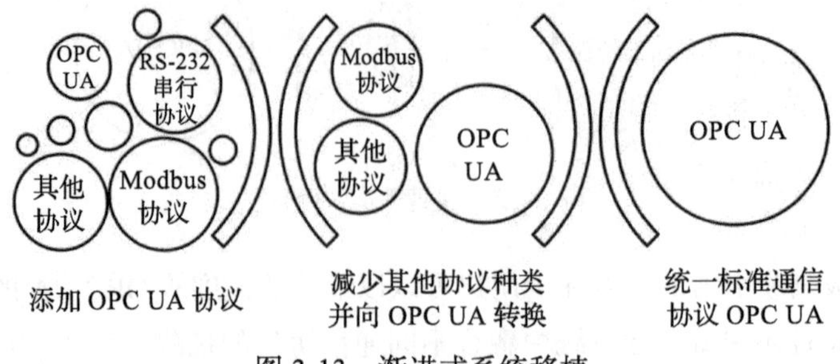

图 3-13 渐进式系统移植

取决于系统内剩余的其他通信协议的数量以及设备的新旧程度，整个移植过程可能持续多年甚至 10 年。在此期间，所有新部署的应用程序（比如 SCADA 或者 MES），需对不同的通信协议（包括 OPC UA）进行配置。这将显著增加系统的复杂程度并阻碍系统充分受益于 OPC UA 技术优势。对此我们也可以将 OPC UA 视为各种通信协议中的一种，在 OPC UA 完全替换掉其他协议之前，它在短期或中期之内将增加系统复杂度。受影响的不仅包括设备本身的通信协议细节，还包括各种商用和制造商专有的各种协议。其后果是系统将变得更加脆弱，文档更加难以撰写和理解，系统维护更加困难以及更难抵抗外部扰动。

尽管存在上述缺点并会导致长时间无法充分利用 OPC UA 的各种技术优势，但是这种渐进式移植方式比起快速大规模移植在可操作性上更具优势。

3.3.4 方式 3：基于 OPC UA 网关实现系统移植

面对上述两种方式的局限性，是否存在第三种方式，它既能迅速受益于 OPC UA，又能在旧设备置换和升级方面拥有良好的可操作性呢？事实上，图 3-14 所示的方式即可同时满足这两个要求。

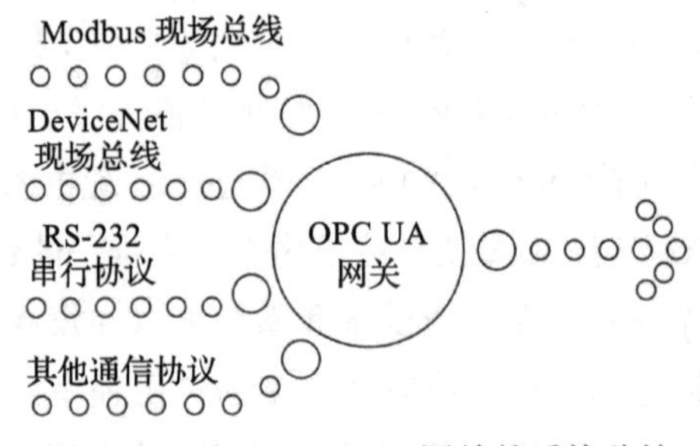

图 3-14 基于 OPC UA 网关的系统移植

市面上目前就存在一些商业产品，它们在原有的协议和 OPC UA 之间起到网关的作用。这些 OPC UA 网关可以看作 OPC UA 服务器和网络协议转换器的集合体，它们通过原有的协议从现有的工业设备中采集数据，然后以 OPC UA 方式提供给 UA 客户端。能够受益于这种方式的客户端包括 SCADA、HMI、MES、系统内其他设备或者商用程序。OPC UA 网关隐藏了由于各种陈旧的和专有的通信协议而导致的系统复杂度，从而使新的应用程序能够在整个工厂环境中将 OPC UA 作为主要的通信协议进行部署。与此同时，现有的应用程序无须进行任何更改仍以原有的协议继续运行。假如某些设备同时支持原有协议和 OPC UA 协议，那么除去某些特殊情况，经由网关甚至可以同时与这些设备进行通信。（某些现有设备在特定条件下只允许一个外部设备与其连接，因此在采用 OPC UA 网关之前，应对系统内设备的功能进行详细检查，而不要想当然地认为可以同时使用 OPC UA 和现有协议。）

这种基于网关的融合方式有效地整合了 OPC UA 和现有系统的优势。用户通过 OPC UA 能够在基本不影响原有设备的条件下访问生产车间的所有数据，而新的应用和设备则可以基于 OPC UA 直接集成到系统中。

C-Labs 公司的软件产品 Factory-Relay 实现了上述的 OPC UA 网关功能。Factory-Relay 能够在不影响 IT 安全性的前提下，允许实时访问工业控制器中的数据以及 IoT 数据。对于 IT 企业以及商业应用来说，Factory-Relay 使得生产现场的数据采集以及向位于工厂网络之外的商业应用程序传递数据都变得更加方便。如今基于云端的应用在全球都得到快速的增长[9]，此时数据首先需要从生产车间网络传输至企业 IT 网络，然后再传递给外部云端服务。很多时候，数据还需经由 IT 网络回传至生产网络。在此过程中，企业流程的一致性不应受到损害。

Factory-Relay 不仅令工厂网络与商业网路的互联更加方便，而且也适用于使用商用标准插件和转换器的应用场合，以保证同时支持原有的通信协议和 OPC UA 协议。

应用示例

假如一台有一定年限的功率测试仪运行在一台更加古老的机器中，用于检测机器的当前状态是关机、空载还是正常运行。这 3 种状态所对应的电流采样值分别为 0、500mA 和 >1A，测量值经由 Modbus 接口向外传输。我们的任务不仅是要显示电流测量值，同时还要开发一款状态监控软件，该软件通过读取某个 OPC UA 变量来判断机器当前所处状态。当这台机器被更加节电的新一代产品所取代时，各状态所对应的电流测量值可能会有很大的不同。但是整个采样数据，以及基于该数据的状态判断仍然可以基于 Modbus 协议。在 Factory-Relay 软件中，通过整合 Modbus 协议和 OPC UA 服务器插件，用户可以以 OPC UA 方式访问电流采样值以及当前状态。以 OPC UA 客户端模式运行的上述监控软件无须做任何更改，读取 OPC UA 服务器上的机器状态变量值并在需要的时候依据当前值进行响应。此时监控软件完全独立于 Modbus 协议，这使得后续的系统融合更加简便，同时对整个系统应用几乎没有影响。

3.3.5 OPC UA 与缺乏软件接口的设备

在工厂的现实应用中，仍运行着许多完全不具备软件接口或者数据传输能力的机器设备，比如一些仍在使用气动和机械调节器的老旧机器，它们有的完全没有提供对外的数据接口。为这些设备开发专门用于数据通信的接口往往是不现实的，但是通过加装额外的传感器，我们仍然可以获取当前的设备状况。OPC UA 服务器读取这些传感器数值并判断当前的设备状态，而 OPC UA 客户端则可借助 OPC UA 协议获得传感器的原始测量值以及设备的当前状态。举例说明，一台发动机借助额外的震动传感器可向外界提供当前状态：关机、正常运行还是系统存在干扰。类似地，一台注塑机在装备了温度、压力和接触传感器之后，我们就可以获悉流体的温度、模具合拢的压力以及闭合状态时的参数。基于这些参数，我们就可以评估整个注塑生产过程。状态监控软件或者品质管理软件也可使用 OPC UA 获取这些参数。

C-Labs 公司的 Factory-Relay 以及类似的产品使得缺乏数据接口的老旧设备利用传感器进行系统升级成为可能。现代控制系统由此获得了针对这些设备的数据采集和分析能力。由于传感器的只读属性，此时系统只能进行数据的单向传输，但是整个系统仍然可以极大地受益于针对这些老旧设备的状态和功率监控。

现实环境中的老旧设备可以以不同的方式（比如通过 C-Labs 的 Factory-Relay 等）接入到现代控制系统中，但在接入之前，首先需要检查该系统是否存在相应的软件开发包（SDK）。SDK 使得不同协议或旧系统的接入，或者新应用程序的开发变得更加简单、快速。C-Labs 配套的 SDK 提供了针对接入方案和应用开发所需要的众多功能，同时还保证了数据在传输过程中的安全性和一致性。毫无疑问，OPC UA 将会得到越来越广泛的应用，但是在实际生产中，也始终存在基于其他接口和协议的设备或应用程序。

3.3.6 OPC UA 在非工业领域中的应用

OPC UA 作为独立机器单元与其他工业设施通信的通用标准语言，目前更多地应用于运行技术（Operation Technology，OT）层面，而非信息技术（Information Technology，IT）领域。大部分工业企业仍将 OT 和 IT 划分为两个完全不同的领域。工业设备，尤其是老旧设备，很可能无法兼容现代 IT 系统的需求。企业资源管理（ERP）、财务或者客户关系管理（CRM）系统等企业级系统，往往对工业通信协议一无所知。有些工业协议甚至还在使用 IT 领域内早已消亡的数十年前的理念和技术。即使 OPC UA 在整个工厂都得到有效的部署，有时仍然无法避免要使用其他的通信协议，比如与供应链合作伙伴、内部商用软件或者外部云服务之间的数据交换等。

回到上述功率测量设备的例子，假如我们需要为此设备开发一套基于云服务的数据流分析状态监测和维护软件。借助流分析方式，我们能够针对连续的设备数据进行持续的评估。由此就可以预测的设备维护，即我们可以提前预测该设备有可能发生的故障，并根据预测的结果来避免由于设备故障而产生的不必要的生产中断。基于云端的服务本身与 OPC UA 并不兼容，而出于种种原因，OPC UA 的数据传输往往无法跨越企业网络边界。比如 OPC UA 通信需使用 4840 端口，而企业 IT 出于安全考虑，往往会关闭该端口。此时 Factory-Relay 可以起到桥接作用：它使用 OPC UA 协议采集设备信息，并将数据转换为所期待的协议后上传至云端服务。最终，分析处理的结果将传递给目标应用程序（见图 3-15）。

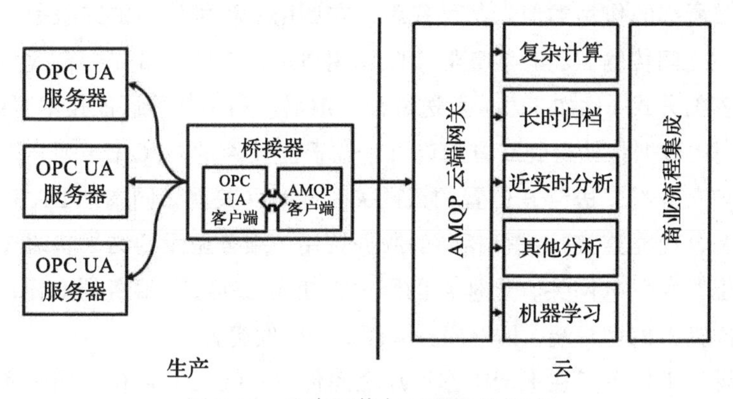

图 3-15 生产网络与云服务的桥接

有时候企业中某个部门的 OPC UA 客户端需要与处于不同地理位置的另一个部门的 OPC UA 服务器建立连接并交换数据。通常情况下，企业防火墙不会允许此类数据通信，因为 IT 部门出于安全考虑不会开放所需的端口，所以通常的 OPC

UA 客户端 – 服务器模式在此时将无法正常工作。借助 C-Labs 公司的 Factory-Relay 软件产品即可解决上述问题。假如额外采用云服务作为代理后，在不同部门之间交换的数据将得到有效的加密处理，从而保证了系统安全。

如图 3-16 所示，位于位置 A 的 OPC UA 客户端能够无障碍地与位于同一地点的 UA 服务器连接和通信。但是通常情况下该客户端将无法与位于 B 位置的 OPC UA 服务器进行通信，B 位置的 UA 服务器很可能位于某个生产设备中。假如 A 位置的 UA 客户端能够访问 B 位置的 UA 服务器并获取该设备的状态信息，在某些条件下可以实现双方都更加高效的生产计划，那么此时一个重要的前提条件是双方都需要部署一个 OPC UA 云网关和云中继器。

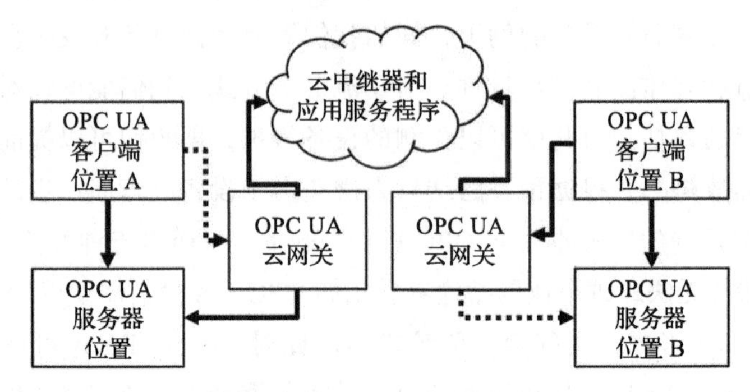

图 3-16　以云网关或中继方式连接公司位置 A 与位置 B

云网关所起的作用类似于某种代理，它调用一种可信的中继服务，并将结果在不同地点之间传输。此时服务器接收调用请求，该请求事先会转换为某种特定格式以加密的方式（比如 TLS）发送给云中继器。利用某种认证技术可以确保 A、B 两地之间的数据传输得到双方的许可。位于位置 A 的 OPC UA 客户端调用某个服务后，该服务将发送至 B 位置的云网关。此时网关就如同本地 UA 客户端一样与本地服务器建立连接并执行相同的服务调用。服务调用的结果将通过“云中继器”发回位置 A 的云网关。此时 A 的网关就如同 OPC UA 服务器一样，将结果继续传回至位置 A 的客户端，即该服务调用最初的发起者。

云中继器不仅可以在不同工作地点之间传递 OPC UA 数据，同时还支持众多的基于云端的服务。这些服务既可以位于同一个云，也可以分布在不同的公共或者私有云中。如图 3-16 所示，这些服务大多数都采用 AMQP 而非 OPC UA 协议。对于基于 C-Labs Factory-Relay 的产品，我们可以在不同的云服务之间创建一个转接器，由此实现这些服务对于所有基于 OPC UA 的应用程序都透明化。

小结

评估 OPC UA 在生产环境中的部署时，需要考虑的因素很多。尽管一次性地将系统整体切换到 OPC UA 听上去是最简单的方式，但是实际操作中存在的许多问题，使得该方式无法成为一个现实选择。某个生产企业以及隶属该企业的 IIoT 和商业应用程序往往采用不同的数据协议，在切换到 OPC UA 的过程中，一个合理的选择是将现有的协议隐藏于某个 OPC UA 网关之后。此时 OPC UA 将作为标准接口用于企业内部的数据交换，不论是新部署还是现有的产线设备。即使现有设备可通过逐步升级实现对 OPC UA 协议的支持，OPC UA 始终作为原生协议运行于系统之中。这种部署方式提供了最高的灵活性，同时也不会影响现有软件和系统的运行。

类似于 C-Labs Factory-Relay 的商业产品能够向现有设备提供一个一致性的 OPC UA 接口界面，同时向企业级应用程序提供一个安全接口，甚至可以在企业和外部云服务之间建立一个可靠的连接通道。这类商业产品将显著降低企业 IT 环境和生产车间运行技术层面受到网络攻击的风险。基于云网关、中继器或者类似的解决方案，不管是现有设备还是新的应用都可以快速受益于 OPC UA 的技术优势。

3.4 嵌入式系统中的 OPC UA

(Chris Paul Iatrou/Prof. Dr. Leon Urbas)

现实生活中嵌入式系统无处不在，无法想象在缺乏嵌入式系统的前提下如何构建技术型社会结构。然而对于如此重要的嵌入式系统，至今尚无一个清晰、一致的定义。顾名思义，嵌入式系统可以被认为是一个计算平台，用于实现某个特定系统的控制和调节任务[10]，并且该平台对于终端用户来说无法与整个系统功能进行逻辑上的分离。对于系统制造商来说，尤其重要的是终端用户无法对该计算平台进行扩展或重新编程[11]。此类系统在日常生活和工作中随处可见，如洗碗机、打印机、暖气控温器或者咖啡机等，这些设备往往内嵌一个由用户操作的微处理器平台。尽管大部分此类设备都支持一定程度的参数配置，但一般不将它们归类为具备电气控制功能的自动化控制系统。其实这些家用设备的许多功能也可以基于传统的机械电子方式实现，但是嵌入式系统提供了一种更加快速、灵活的解决方案。在工业领域，众多的执行器和传感器（比如伺服控制器、泵控制器、环境传感器或者过程传感器等）都由大量的可配置嵌入式系统来控制。尽管可对这些系统进行灵活的参数配置，但它们的可调节范围往往由简单的接口预先给定（比如4～20mA），由此有效隐藏了系统真实的复杂程度。

在过去的 5 年，对于嵌入式系统的感知明显降低了。层出不穷的新概念如“物联网”“智能家居”等，使得人们不得不重新检视嵌入式系统。从 DSL 路由器、多功能打印机、ZigBee 节能灯泡一直到最新的可穿戴设备，嵌入式系统所起的作用越来越重要。由于终端用户越来越意识到他们所使用产品中的嵌入式平台，制造商所面临的向用户开放这些系统功能的压力也随之日益增加，由此带来的最为重要的系统影响因素是通信。

在当前的技术条件下，嵌入式系统中的通信主要专注于端到端的通信。常见的通信端点包括用户可编程平台（比如智能手机、平板电脑或者个人计算机）以及嵌入式系统（比如运动手环或智能手表）。在工业领域，制造商也逐渐开始开放针对执行器和传感器的数据访问 [12]。这种通信模式带来的好处是，制造商可以在自己的嵌入式产品中利用自定义的通信协议来访问开放的标准通信接口，比如蓝牙、ZigBee 或者无线网络。只要数据采集使用了恰当的语义结构，那么通过对所采集的数据进行相关性分析后，它就能应用于众多的场合，如过程优化和诊断、基于云的预测维护等。

新的技术发展（如物联网（IoT）和边缘计算（edge computing））等打破了这种传统的端对端的通信模式，允许机器之间可以进行多边通信 [14-15]。此时处于“边缘云”（edge cloud）中的系统（即位于物联网边缘的嵌入式系统）将能够采集并使用不同来源的数据。为了实现这种“机器到机器”的数据交换，信息的采集、处理和传输应依据某个开放的标准，这样才能保证通信协议完全独立于某个制造商 [15]。虽然目前在大部分场合中数据传输已经采用了开放式标准接口，但是所传输的数据往往与具体的产品相关。同时，通信数据的结构和意义也需要发送方和接收方所理解，即信息需具备语义特征 [16]。

OPC UA 具备同时满足上述两个面向 IoT 应用的未来通信协议的技术需求。随着越来越多的 OPC UA 协议栈的出现，可以期待 OPC UA 在工业通信领域内将逐渐取代许多现有的技术 [17]。

嵌入式系统的核心要求包括可靠性、长时性以及安全性。从终端用户的角度来说，嵌入式计算平台始终都是调节系统的一个有机组成部分，事后针对系统组件的任何修改都可认为是对系统的一种干扰。对于工业系统来说，这甚至可以认为是对现有系统正常运行的一种危害。在隔离的网络内尤其是注重安全的领域内，并不希望 / 甚至无法实现固件的自动升级。除此以外，对于系统的最后一个要求是安全性要求，对于安全性尤其敏感或者通过认证的应用而言，这是一个无法规避的问题。因此为此类系统开发 OPC UA 协议栈时，在设计阶段遵循安全设计规范（security-by-design）就显得尤其重要 [18]。

3.4.1　嵌入式微处理系统的分类

某些嵌入式平台（比如数字滤波器等测试类仪器）在技术上类似于商用计算机。它们广泛采用了一些基于商用 SoC（System-on-Chip）的系统或者在某个产品组件内甚至整体使用了类似于 PC 的架构。该领域内的知名硬件厂商包括 Intel、AMD 和 Broadcom。对于能够运行 Linux、Android 或者 Windows 等操作系统的 CPU 架构而言，开发相应的 OPC UA 协议栈在技术上不存在大的障碍。操作系统复杂的内在设计不仅提供了足够的内存空间和硬件抽象层（Hardware Abstraction Layer，HAL），而且保证了基于应用和权限的安全内存管理。可编程控制器 PLC 也越来越多地被归于此类系统，由此 OPC UA 逐渐成为控制系统的标准通信协议。对于众多的基于 SoC 或者 PC 的平台（比如 Raspberry Pi、BeagleBone 或者 x86 架构 PC 等），此处则不做进一步的讨论。

大部分的嵌入式平台都由低功耗设计架构来驱动，由此导致了计算能力相对较弱 [10]。这些系统的显著特征表现为多采用小型实时操作系统（FreeRTOS、uLinux、eCOS 等）或者完全放弃硬件抽象层（“bare metal”）。常见的这类系统包括 8 位微处理器以及数字信号处理器（DSP）等。最复杂的嵌入式系统包括 32 位 ARM 或者 MIPS 架构微处理器。由于众多的 IoT 应用以及与其相关的通信需求，32 位微处理器得到了日益广泛的应用。

SoC 与高性能微处理器之间的界限尽管在不同场合已被作为议题讨论过，但是至今仍然尚无清晰的定义。本书所聚焦的微处理系统与 SoC，更准确说是单片系统的一个显著区别在于外围模拟器件的数量。相对地，SoC 系统主要包含数字外设，比如图像处理单元（GPU）等。此类微处理器的另一个特点是，它们一般都属于制造商产品线中最为复杂的部分，并且拥有外扩存储器接口。以今天的眼光来看，这些微处理器的主频相对较低，同时由于有众多的逻辑器件以及大功率的驱动芯片，因此它们的制造工艺多采用相对落后的技术，比如60～120nm制程。微处理器的优势在于它大量削减了外设的数量，并由此极大降低了PCB设计难度和系统能耗，提高了系统可靠性。

在产品硬件开发中，OPC UA协议栈所面临的最大挑战之一是如何证明它给产品所能带来的益处。给定的嵌入式计算平台通常主要使用片内代码空间和内存空间。越是低端和简单的CPU，其片内存储器的数量一般更少，同时往往不具备外扩存储器功能。

当嵌入式CPU拥有外扩存储器接口，甚至具备内存管理单元（MMU）时，用户可以选择一些裁剪过的商用OPC UA协议栈。在这些解决方案中，主要采用了具备外扩存储器（Flash、外部sRAM或者DRAM）的32位处理器，以规避存储空间不足的问题。当存储器数量不成为系统瓶颈后，用户就拥有了多个选项：移植开源协议栈至目标系统上，或者根据特定SoC系统选择商用协议栈，比如MatrikonHD。当然商用协议栈往往需要支付许可证费用。在这两种情况下开发人员一般都不会面临资源不足的问题。某些嵌入式操作系统（比如ucLinux或者FreeRTOS）还提供POSIX兼容接口，这使得现有的开源协议栈（比如open62541）的移植工作更加简单。

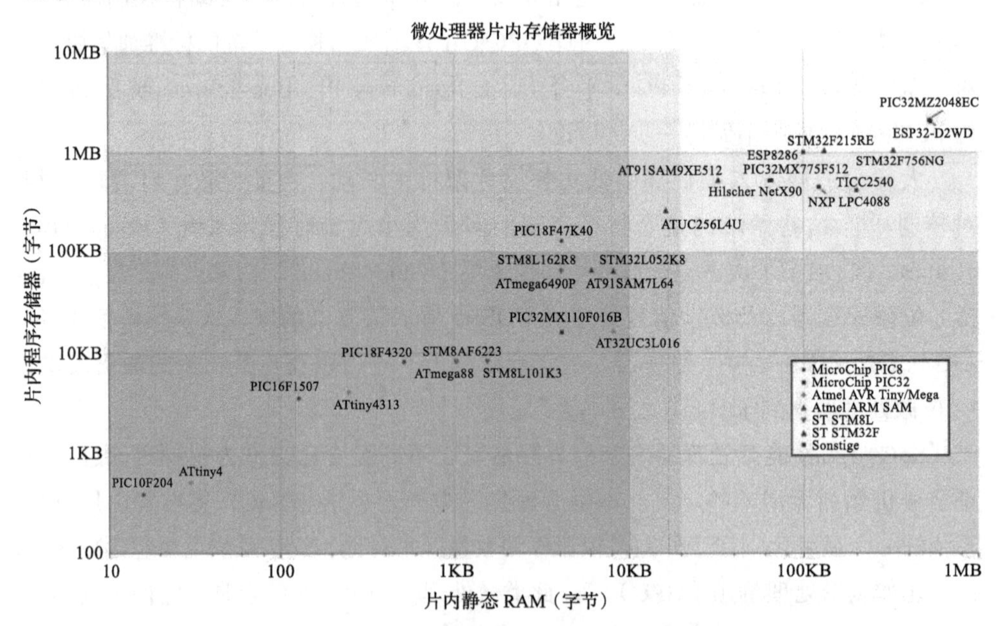

图3-17 不同制造商微处理器的片内资源概览

当目标系统的代码容量小于 1MB 或者 RAM 空间小于 100KB 时，OPC UA 协议栈的开发将变得极具挑战性[19]。对于 OPC UA 面向对象的本质，其行为严重地与单片机处理系统的受限资源相抵触。UA 协议栈的一个显著特点是它与面向对象的数据结构的生命周期紧密相连，比如 OPC UA 消息就是由一组线性化对象嵌套组合而成。这些消息在传递的过程中，根据处理的不同阶段，持续扩展、修改和补充。

3.4.2　嵌入式系统的限制

对于嵌入式系统 OPC UA 协议栈的讨论，目前针对受限条件有众多观点。其实对于某种给定形式的嵌入式平台，判断其对 OPC UA 实现具备真正有影响作用的限制条件，相对来说并不非常困难。

计算能力：即便是低功耗的 8 位处理器，由于现代制程工艺的进步（90nm 甚至更低），其工作频率可达 50MHz。许多芯片可利用片内集成晶振和锁相环（PLL），甚至无须外接晶振电路。典型的 32 位微处理器的工作频率常常为 80～200MHz。从这个角度来说，这些平台的数据处理能力往往是在评估该平台上 OPC UA 协议栈开发难度指标时处于次要地位的一个影响因素。

通信接口：数据通信可以被认为是嵌入式系统在现代边缘计算或者 IoT 物联网平台应用中最为重要的一个要素。由于涉及一些复杂的协议处理（比如 IP、WLAN 或者 Bluetooth 等），用户在实际开发中往往倾向于使用 32 位系统。此时开发人员主要考虑的是开发的难易程度，而基于 ARM 或者 MIPS 的芯片厂商一般都提供商用协议栈和函数接口。通信协议栈本身不仅向外部提供 API，同时也可以把作为内嵌协议栈的外设芯片形式提供给用户。对于这种方式，即使是最为简单的微处理，也具备与外部实现互联互通的能力。例如，此类产品包括以下几个。

- ESP8266（Espressif）：采用 ARM MCU 并基于 SPI/I2C 的 WiFi 芯片，内置 WLAN 和 TCP/IP 协议栈。
- ENC28J60（Microchip）：基于 SPI 接口的 Ethernet MAC 和物理层 PHY，内置 Ethernet 协议栈。
- ATBTLC1000（Microchip，前身为 Atmel）：基于 SPI 和 I^2C 接口的 Bluetooth 4.1 MAC 以及物理层 PHY。

许多嵌入式系统甚至将所需要的 PHY 和 MAC 模块集成到芯片内部，这样这些慢速的 SPI 或者 I^2C 接口就不会构成数据通信的瓶颈。此时对于嵌入式系统来说，数据通信 OSI 七层模型中的 0 层（物理层）和 1 层（数据链路层）也不会成为通信性能的限制条件。

通信协议：OPC UA 在 ISO/OSI 模型的 1～4 层内并没有指定具体的传输机制。OPC UA 标准内置了拆分传输数据和重新组装的机制，包含了数据加密层并且定义了独有的信道以建立握手机制。但在实际开发中，几乎都使用了 IEC 62541 标准第六部分所定义的基于 TCP/IP 的 OPC UA 二进制协议，虽然一些独立的研究项目表明，OPC UA 也可以支持非标准通信协议[20]。对于一个标准化的具备良好互操作性的 OPC UA 协议栈而言，这也意味着不可避免地需要 TCP/IP 协议栈。目前市面上存在众多适用的嵌入式系统解决方案，它们对于系统存储器容量的要求都不大。这些方案中包括 Lightweight IP（lwIP）、Microchips Harmony TCP/IP 以及 der Micro-IP（uIP）TCP/IP Stack[21-22]。这些协议栈同时也支持 UDP 协议，这构成了发现服务（discovery-service）以及后续的 OPC UA 数据发布者 / 订阅者通信模式的重要基础。

在基于 TLS 或者 SSL 的加密数据传输领域，用户也面临众多的选择，其中包括广泛应用的开源库 wolfSSL（前身为 yaSSL 或 CyaSSL）以及 SharkSSL[22]。TLS 和 SSL 需要相对较大的空间用于存储数字证书，并且在 AES、SHA 和 Diffie-Hellman 算法上会消耗可观的算力。因此在实际使用中，开发人员需要仔细评估来确认加密数据传输对于该产品是否是一项必要的功能。

内存容量：无论是 UA 协议栈中的代码还是数据，最后都需存储于嵌入式系统的片上内存。即便是 OPC UA 标准定义的最小协议栈消息数量 8K 字节（DIN EN 62541-6），就能淘汰相当大一部分嵌入式平台。由此可见，内存容量是嵌入式 OPC UA 协议栈在资源方面的一个重要限制条件，因此对 UA 协议栈的内存使用进行详细的分析就显得很有现实意义。总体来说，UA 对内存的使用可以分为 4 个方面。

首先是代码区域。该区域用于存储处理 OPC UA 消息的指令。代码区一般为片内 Flash、EEPROM 等非易失性介质。虽然 OPC UA 协议栈本身的复杂度很高，但它对代码区的容量需求却往往是静态的。在开发阶段我们需要留意编译之后的协议栈大小，其容量在运行却保持不变。UA 协议栈最终的大小取决于所支持的功能：支持的 UA 子集组件越多，所生成的代码越大。从某种角度来看，代码量反映了 UA 协议栈所包含的功能范围。

其次是 UA 协议栈运行过程中处理消息所需的内存区间。为了能够动态地缓存、处理和生成 UA 消息，该区间必须以随机内存（RAM）或者静态随机内存（sRAM）的形式存在。根据 OPC UA 标准，系统对于一个 OPC UA 消息必须保留至少 8KB 的内存区间。当然在实际应用中，该区间只有在传输大量数据（比如读写大数组）或者在执行与加密相关的操作（比如传输数字证书链）时，才会大量使用。常见的 UA 消息所需要的 RAM 容量一般处于 400B～2KB 之间。但是所有合规的 OPC UA 协议栈都应当支持至少一个 8KB 区间。

在内存使用方面，另一个值得注意的是堆栈。堆栈也是在系统运行期间动态地分配和释放，这里我们主要讨论的是程序的上下文堆栈。尽管通过适当的实现策略（参阅第 4 章），可以更好地控制消息存储区域对于内存资源的消耗。对于消息处理过程中额外所需的内存需要特别关注，尤其是用于数据类型定义的递归函数调用，它可以快速地占用大量的堆栈空间。恰当的实现方式可以降低堆栈溢出的部分风险，完全排除只能通过大量的单元测试来保证。

除了上述 3 个方面的内存需求，OPC UA 还需要一段额外的内存：地址空间区域。所有的 UA 节点数据结构以及相关的属性信息都存储在该区域，这些要素构成了 OPC UA 对外的信息呈现。然而正是这段地址空间成为嵌入式 OPC UA 协议栈开发过程中的主要挑战之一：仅仅命名空间 0 的二进制编码容量就达到了 200KB 左右。除此以外，特定应用的信息模型、运行过程中动态生成的 UA 节点等，都会快速占用大量内存，从而对片上资源受限的嵌入式系统构成挑战。

尤其值得注意的是 UA 地址空间的编码方式，因为 OPC UA 的线性二进制编码方式并不提供信息查找功能或者指定内存地址功能。比如在拥有 1514 个节点的命名空间 0 中，所有节点以某种简单的方式存储于非易失性介质中并记录每个节点在内存中的相对偏移位置，此时就需要额外的 6KB 的动态内存。

在地址空间的具体实现时还面临一个特殊的挑战，即嵌入式开发人员长期以来形成的思维定势：嵌入式系统中只有少量信息需要动态特性。当地址空间中的数据加载到动态内存中时，静态数据将造成动态内存这一关键资源在使用上的浪费。与此相对，当地址空间中的数据静态加载到代码区域时，所造成的后果是数据无法动态修改，同样无助于解决当前问题。在第 4 章我们将讨论一种混合策略来优化针对该挑战的解决方案 [23]。

3.4.3　嵌入式系统中 OPC UA 协议栈的系统需求

OPC UA 提供了多种针对特定目标系统的协议栈移植方案。某些功能（比如

OPC UA 二进制协议等)，尤其适用于嵌入式系统，而标准中的另一些功能则容易在移植中出现问题，比如 4GB 长度的字符串 NodeID。

消息编码：原则上基于 XML 的编码方式，OPC UA SOAP 网络服务协议也可以避免对数据进行存储和处理。但是对于文本字符串的处理将会对系统计算能力造成不必要的负担，同时解析复杂的嵌套数据类型也需要额外更多的动态内存。幸运的是，几乎所有的 OPC UA 协议栈都完美支持 OPC UA 二进制模式。

OPC UA 二进制模式的典型问题是线性编码。为了得到希望数据的地址，必须解码该数据之前的所有数据，因为这种二进制形式不包含任何类型的前缀、同步点或者数据偏移量等信息。

解析 OPC UA 二进制数据的一个前提是必须事先已获悉数据格式，数据格式从根本上来说是由消息内容所决定的。由于 OPC UA 数据类型的长度可变，并常常使用不同的编码方法，因此这些都成为解析 OPC UA 二进制格式时的上述前提。这些前提不仅对 OPC UA 消息解析有效，同时也适用于 OPC UA 二进制格式中的永久数据 [23]。

编程语言：由高级语言编制的协议栈，对嵌入式系统构成了一个挑战，尤其值得注意的是解释执行的脚本语言（Perl、Python 等）以及基于虚拟机的编程语言(比如 Java，.NET 等)。这两种方式除了协议栈本身，还需要针对特定的嵌入式平台移植解释器或者虚拟机环境。与此相对的是，假如协议栈能够以某种直接转换为可执行格式的语言来编写，则更适合嵌入式平台。在该领域内占主导地位的是 C/C++ 语言，它们已得到了大部分开发环境以及微处理器厂商编译器的良好支持。值得注意的是，C++ 使程序编制工作得到极大的改善，但同时也导致了程序复杂程度的增加以及额外的资源开销。

参数化：本质上，嵌入式系统的 OPC UA 功能是位于系统控制和调节功能中的一个附加功能。OPC UA 原则上只能使用系统功能所需存储空间之外的区域，所以嵌入式 OPC UA 协议栈必须具备良好的可裁剪性，即可以根据需要来激活或者关闭相应的服务。针对激活的服务，还应能对其关键参数进行配置，比如最大存储容量、最大并发线程数量等。这些裁剪与配置主要在编译前的代码级层面实现。比如开源协议栈 open62541，在编译前可对基于 CMake 的配置进行调整，从而屏蔽相应的部分代码，详细内容请参阅 4.3 节。

OPC UA 数据类型编码机制：在开发和应用嵌入式系统 OPC UA 协议栈时，尤其需要注意的是如何将数据结构转换为 UA 二进制格式或者从 UA 二进制格式中解码出所需要的数据。在解析复杂数据类型时常常用到递归调用，而递归过程中每次函数调用都需要在系统堆栈上分配一定数量的内存空间，这很容易导致堆栈溢出。为了解决这个问题，我们需要提前设定递归调用的深度或者在解码前对数据类型进行检测。由于嵌入式平台的内存容量相对更小，因此 OPC UA 更易导致堆栈溢出异常，并对其他应用程序产生严重的影响。

3.4.4　嵌入式系统中 OPC UA 协议栈的实现策略

越是在资源受限的微处理器平台上运行软件时，越需要根据平台特性进行特殊的定制处理。因此在本节内容中，我们也无法对一个具备良好可移植性的嵌入式 OPC UA 协议栈提供通用的实现策略模板。上一节我们介绍了一系列的实战策略，在这些策略基础上衍生的开发模式在一定程度上反映了移植嵌入式 OPC UA 协议栈所积累的实际经验。每种开发模式都是在解决某种目标 CPU 架构的某些特定问题过程中逐渐形成的，并不构成 OPC UA 协议栈的标准组成部分。

除了要解决资源受限以及可重用性这两个问题，另一个备受关注的问题是安全设计（security by design），即仔细筛选适当的实现策略从而保证系统功能的安全。在有些开发模式中，除了常见的软件形式，它们还可能以硬件形式存在（比如 FPAG 或者 ASIC），这样 OPC UA 服务器协议栈在数字电路中可以被设计为专用通信外围接口电路（见图 3-18）[24]。

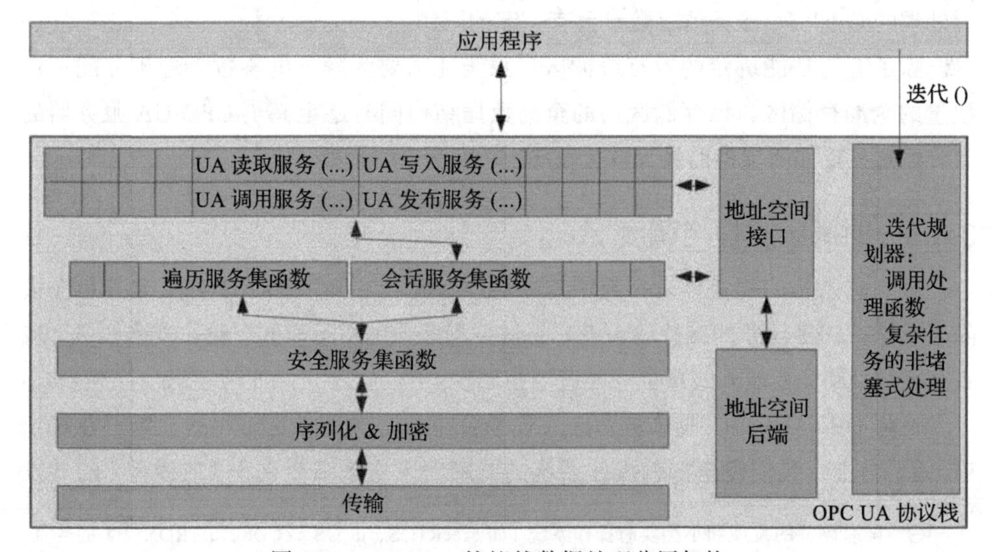

图 3-18　OPC UA 协议栈数据处理分层架构

3.4.5 结构化编码

作为 OPC UA 协议栈开发的基本策略，每个 OPC UA 服务都要具备相应的处理模块。这些模块以分层的形式相互连接，每个模块接收来自上一个函数的消息，并提取相应的部分进行处理，然后将消息向后传递。对于 OPC UA 服务器协议栈而言，位于最底层的是 OPC UA 传输层处理模块，之上为 OPC UA 安全层，然后是一系列针对单个服务请求的处理模块。OPC UA 客户端的结构与服务器相类似，只是处理流程完全相反。

大部分的 UA 协议栈都遵循上述开发策略，只是在处理模块的粒度划分上互有差异。单个模块往往并不仅仅处理消息函数，而且还使用一组内部数据结构，结构中包含了服务器（server）、订阅（subscription）以及会话（Session）等信息。这些数据以动态方式分配和管理，因此每个模块在 OPC UA 消息处理功能之外，还具备在不同功能模块间通信的能力，用以交换和管理数据结构。因此在协议栈底层设计中需要考虑到这种模块间的通信。

为了避免出现易于出错的动态内存分配，每个功能应该事先分配一段固定的静态缓冲区，这种方式甚至适合对于 OPC UA 服务的迭代式处理。此时服务请求的处理函数可以仅处理请求的一部分，将当前状态存入静态区域然后将控制权释放给其他程序。这种方式的一个好处是，在处理复杂的服务请求时避免了堵塞 OPC UA 协议栈本身，另外使得在预测最大堆栈深度方面更加准确。缺点是能够并行处理的 OPC UA 服务请求数量会有一定的限制。

除了有与功能绑定的专有缓冲区，系统还需要为额外的参数管理预分配一定数量的全局存储区。该存储区内的全局数据结构同时还定义了 OPC UA 服务器的系统配置，比如所支持的最大链接数等。

3.4.6 时间确定性与调度

嵌入式系统的优势体现在整个应用程序的运行相对更贴近硬件，尤其是在去除了对抢占式多任务的支持后，更容易估算程序段的运行时间。抢占式多任务（或者多线程）调度在嵌入式系统中的应用相对较少[⊖]。

在将 OPC UA 协议栈移植到嵌入式平台时，一大困难是时序的控制。在基于 PC 的平台上，我们完全依赖操作系统的调度器来实现多个进程（或线程）的并发

⊖ 随着硬件的发展和小型实时操作系统（如 FreeRTOS、uCOS、eCOS、uITRON 等）的普及，抢占式多任务调度在嵌入式系统中也得到日益广泛的应用。——译者注

处理，但是在嵌入式平台中，程序执行时间的确定性和系统的实时性有着更为重大的意义。

OPC UA 的复杂的嵌套数据类型带来了巨大的灵活性，同时也导致了程序执行时间的不确定性。此时数据处理所需要的时间不仅与消息数据的大小有关（比如 IPDaten 数据包），而且还与消息的数据构成（payload）紧密相关。

为了避免嵌入式系统中的 OPC UA 协议栈堵塞其他任务调度，推荐使用迭代地调用集中处理函数的方式来实现调度，此时该函数代替了调度器。UA 协议栈中的服务函数应避免相互调用，而应该集中利用调度器来实现消息的顺序处理。嵌入式应用程序应在主循环中调用该调度器函数，依次处理 UA 协议栈的消息之后再将控制权交还给系统。

3.4.7　通信接口的解耦

基于软件的 OPC UA 协议栈中的二进制数据接收逻辑在大部分情况下与操作系统的 TCP/IP 接口（尤其是 POSIX 接口）紧密耦合。对于协议栈本身来说，这会带来显著的好处；但是对于该协议栈在不同微处理平台上的可移植性而言，则是很不利的，因为系统必须随时支持一个复杂的、功能齐全的 POSIX 接口。

通信接口的使用情况主要由微处理架构来决定。有些处理器在芯片中内置了通信接口，通过媒体独立接口（MII），甚至 SPI 或者 UART 串行芯片向外界开放。对于协议栈而言，数据的接收和发送应当通过独立于通信协议的物理接口来实现。

通信协议（比如包含支持兼容 POSIX 接口所定义的 Socket 函数的 TCP/IP 协议栈）的一个显著特点是，它必须针对每一种目标系统来实现。但这里更重要的是，TCP/IP 功能的接口函数应当与 OPC UA 协议栈进行清晰的分离并有详细的归档说明。轻量级 IP 协议栈（lwIP）由于与 POSIX TCP/IP 协议栈有类似的 Socket 架构，因此它易于在不同平台之间进行移植。而 Microchip-Harmony 开发环境所提供的 TCP/IP 协议栈由于使用完全不同的实现方式，因此使得基于该协议栈的 OPC UA 通信接口需要进行大量的修改。如果接口与协议栈本身有着清晰的分离并具备详细的文档说明，那么 OPC UA 协议栈的移植工具就易于实现。

因此嵌入式 OPC UA 协议栈应当尽量使用内部接口，而不应假设系统提供了其他的 API 函数。另外需要注意的是，给定接口的工作速度可能只有协议栈本身的 1 : 10 到 1 : 100，从而导致接口产生固有的异步处理特性。通信接口应当保持简洁，并有详细的说明且具备良好的可扩展性。

3.4.8 内存分配

嵌入式系统中动态内存分配的一个基本问题是，系统所需要的资源与系统运行的行为和历史都紧密相关。针对嵌入式系统的操控系统往往运行于实模式下而缺乏内存虚拟化能力。因此，如何保证内存的完整性就成为编程人员所面临的重要挑战之一。理想情况下，嵌入式系统的 API 函数允许针对系统开发时动态数据结构所需的栈和堆区域进行限制。当这种动态内存分配行为可以通过 API 函数（比如实时操作系统 FreeRTOS 中的）来进行控制时，OPC UA 协议栈的内存分配管理功能就仅是编译器的内部功能，因此不能一概而论地断定所有影响因素会以何种方式相互作用。

动态内存分配基本上可以分为两类：生长式栈区（stack，主要用于函数调用）或者堆区（heap，主要用于永久性动态内存分配）。栈主要用于函数内部的局部变量，这些变量仅存在于函数调用的上下文中，即只有函数被调用时才在栈中分配空间，调用结束时被释放。这大大降低了程序运行过程中对于动态内存的需求。栈结构的定义和维护则由相应的编译器和目标 CPU 的 EABI 标准来实现。

预测递归函数对于栈区的需求是一件非常困难的事情，因为它们能够直接或者间接调用自身。当然也可以通过严格控制递归深度来规避这个问题，但在实际应用中更加合适的方式为迭代模式。该原则也适用于 OPC UA 二进制数据的解码和解码。当使用迭代方式时，可以准确预测程序所需要的最大栈深，从而保证系统运行时的内存完整性。

对于某些微处理器（比如 PIC14 单片机），堆栈是通过硬件实现的，其深度已随芯片而固定，无法实现需要大量堆栈操作的递归算法。

通过类似 POSIX 的接口函数 malloc() 可在堆区中分配动态内存，其全局作用域超越了上述函数的上下文。与栈区相比，堆区的另一个不同之处在于内存并不是由编译器来管理的，而是通过内存管理系统来维护的。因此系统 API 还能实现良好的跨系统、跨编译器的安全机制，即在尝试分配时，API 会时刻关注系统可提供的内存数量。假如操作系统不提供动态内存分配 API，也很容易将一些开源的实现方式移植到目标系统上。在移植 OPC UA 协议栈时，假如 C 函数库没有提供这样的动态内存分配 API，那么用户首先需要实现这些接口函数。

对于某些任务而言，静态和全局的存储区域相比动态分配更具有优势。此时在开发过程中，就需要明确规定数据的存储区域以及所需空间大小等参数。这种方式尤其适用于处理与服务相关的消息处理函数，这些函数都被静态地分配了一定数量的缓冲区。

3.4.9　应用程序与 OPC UA 解耦

OPC UA 协议栈可以被认为是应用场景中调节器和控制器与外部世界的一座桥梁，因此 UA 协议栈与应用的安全交互是非常关键的。应用程序永远不会直接处理那些没有经过 OPC UA 协议栈充分解码和校验过的数据。

在条件允许的情况下，与 UA 协议栈的通信应当使用原生的数据格式。举例，向协议栈传递参数时应当使用以 NULL 结尾的 C 字符串（更受编程人员欢迎），而不是 OPC UA 自身的符号链。这样外部程序就无须创建复杂的数据类型，尤其是无须对复杂数据类型进行解析。通过种方式，与该 OPC UA 协议栈的交互则更具有确定性和可预测性。

从某种意义上来说，通过系统调度器并以非阻塞方式实现与 UA 协议栈的交互将会给系统在确定性上带来巨大优势。考虑下面这种应用场景：一个复杂的数据类型作为参数传递给某个 OPC UA 方法，在调用该方法时触发了系统中断，中断服务程序则负责解析该复杂数据类型的参数。这种运行方式导致了系统产生巨大的不确定性。当参数解析需要耗时较长时，可能会损害到更加关键的调节和控制功能。

在上述场景中，当发生重大错误时，最坏情况是使系统驻留在中断服务程序中或者管理者（supervisor）模式下，或者在这些模式下执行无权限代码。

3.4.10　消息处理

对于 OPC UA 消息的处理也是 UA 协议栈的重要组成部分，但是这些消息应在何处存储和生成并没有统一的标准定义。现有的一些协议栈（比如 OPC UA 基金会或者 open62541 协议栈）都遵循动态和按需分配消息缓冲区的原则。但是对于嵌入式系统而言，能否确定地分配和访问消息缓冲区则是一个更加关键的因素。与此同时，动态分配的发送端数据常常需要转化为内部数据格式并存储在某个线性发送缓冲区中，这也意味着信息在系统内其实占据了自身两倍大小的容量。

对于嵌入式系统而言，8KB 的 OPC UA 消息块（message chunk）已经是很大一块动态内存了。如何有效地解决这个问题成为影响嵌入式 OPC UA 协议栈的一个关键因素。无论如何，消息处理函数都应该避免复制消息或者在处理过程中重新为该消息分配新的动态内存。

嵌入式 OPC UA 协议栈理论上应该在启动时静态分配所有的消息缓冲区，为此我们必须事先获悉能够并发处理的消息数量、每个消息所支持的最大块数（chunk)、消息块的最大容量和数量，以及在 OPC UA 服务器和客户端建立连接通道时双方需要交互的参数信息。这种静态内存分配方式也导致了嵌入式系统只能支持有限数量的并发链接，这些链接资源还需在 OPC UA 协议栈和嵌入式 TCP/IP 协议栈之间共享。TCP/IP 协议栈也具备类似的参数设定。

OPC UA 消息的分块式处理对于嵌入式系统形成了一个挑战。TCP 协议通过序列号可以方便和有效地定位不同的数据片并将它们重新组装成完整的消息。但是 OPC UA 既不表明某次传输由多少消息块组成，也不说明尚未接收到的数据片中有效数据的大小。因此 OPC UA 协议栈只好假定每个缺失的消息块都有可能完全使用 8KB 的块空间，而这些块空间都必须事先分配。只有当所有的消息块都被接收以及每个块的实际容量都被获悉之后，该消息才能够转换到线性内存镜像中。

消息缓冲区的具体实现可以参考下列两种模式。

最简单的方式是针对每个消息都分配一块存储区域，其大小为所支持的消息块数量乘以每个块的容量（8KB)。每个被接收的 OPC UA 消息都拥有一个序列号，这样就可以推算出应将该消息存储在上述区域的哪一个 8KB 消息块中。当所有的相关数据块被接收之后，这些数据块将在内存中重新整理并最终合并成完整的 OPC UA 消息。此时消息处理函数可直接访问该内存，并以指针的方式读取消息内容。对于 UA 读取服务，只需要获悉该服务的请求（request）数据结构在内存中的起始地址即可。从该地址开始，消息处理函数可以逐步请求数据的内容并进行解码，而无须分配局部内存以缓存已解码的消息内容。这种方式的一个缺点是，因为上述存储区域始终被已接收消息所占据，所以系统需要额外的一块内存用于生成对应该请求消息的响应消息。

第二种模式是使用环形消息缓冲区（FIFO 先进先出缓冲区)。消息接收过程与上述第一种模式完全相同：首先接收所有相关消息块，然后在内存中进行线性化整理并生成完整的 OPC UA 消息。消息处理函数从 FIFO 中逐步读取消息的内容并释放已读取部分所占据的内存。该段内存可以用于生成响应消息的一部分。在发送响应消息时，服务程序只需从同一个 FIFO 中获取内容并发送。这种方式使内存的使用效率得到显著的提升。但是因为 FIFO 中的数据在被处理函数读取之后即被销毁了，所以所有的处理函数还需要一些局部存储空间为最终的处理过程缓存已读取的消息内容。这种基于 FIFO 的消息处理方式天然地带有数据流的特性：数据始终以一定的宽度从 FIFO 中读取，然后再以同样的宽度向同一个地址中写入响应。因此消息处理函数也需要将从缓冲区内读取的数据类型在局部存储空间中转化为 OPC UA 数据类型，从而导致处理过程变得更加复杂。

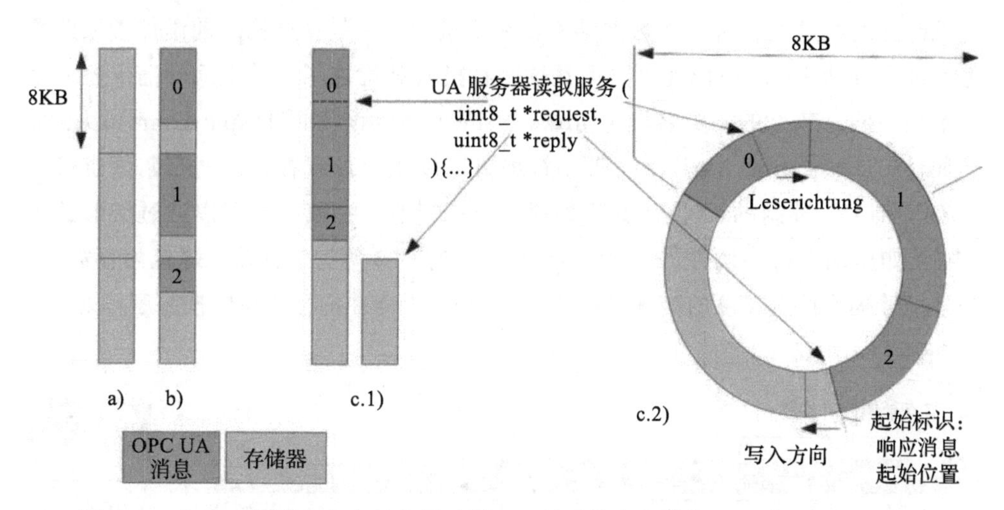

图 3-19　包含 3 块消息内存的应用示例。a) 基础的内存结构；b) 接收与添加单个 UA 消息片段；c.1) 根据接收到的消息内容以紧凑线性方式存储 UA 消息片段。此时发送消息需要单独的存储区域因为接收缓冲区有可能被填满；c.2) 环形消息缓冲区。接收消息被读取后其存储空间可用于存储响应消息

3.4.11　地址空间分配

以简单方式实现的地址空间（address space）同样需要双倍的存储容量：位于动态内存中的地址空间能够为应用程序提供极大的便利，但是该空间需要在分配时进行初始化。而初始化所需的信息位于程序代码段，这就导致同样的信息在系统的不同区域内存在两个副本。然而这种常用的实现策略（即动态地址空间加上初始化代码），往往不适用于资源严重受限的嵌入式平台。

与地址空间进行交互的首要条件是，定义对地址空间内节点和节点属性进行读写访问的接口。地址空间内的数据内容则由与嵌入式平台相匹配的地址空间后端程序来维护。后端程序及其对外接口应通过 3.4.6 节所说明的调度器来维护管理，以防止在大规模地址空间内进行搜索操作时出现严重的系统堵塞和延迟。

针对地址空间的写操作可以使用下面两种解决方案，这两种方案都预设 OPC UA 协议栈拥有一个能够以二进制形式高效存储数据的地址空间后端程序。该后端

程序产生的结果是，所有的节点信息都存储在地址空间的内存镜像中。这里我们可以衍生出一种新的编码系统，其原理与 OPC UA 二进制相类似，但只为解码过程引入了额外的信息。比如在内存镜像中引入节点大小的信息后，就可以在节点搜索时快速跳过不感兴趣的数据结构。在变量中，在数据结构之前添加类型前缀也有助于加快编码 / 解码速度。但是这两种措施都增加了存储空间的需求量。为了节约空间，节点的浏览名称（BrowseName）、显示名称（Displayname）以及描述属性（Description-Attribute）等字符串可以以压缩形式存在；而布尔值也可以从 OPC UA 二进制的 32 位形式压缩成 1 位；其他一些属性也可以通过类似的操作（比如压缩字符串属性的长度、数值化的节点 ID 等）来有效地降低内存需求。另外能够提高搜索速度的措施是将数值化的节点 ID 在内存镜像中按升序排列（见图 3-20）。

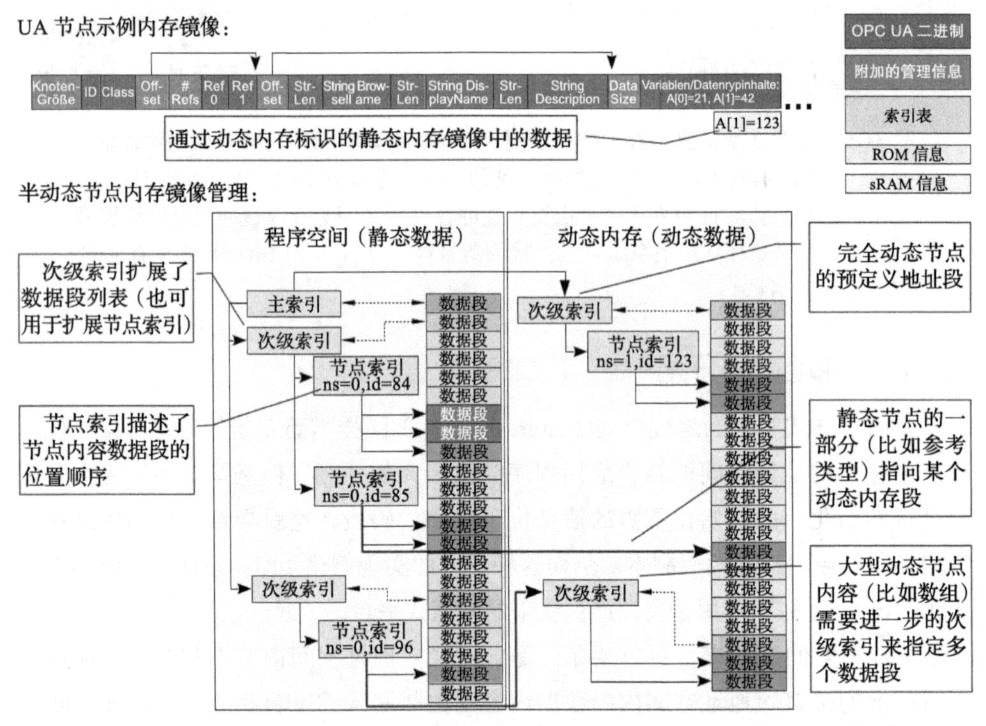

图 3-20 线性 / 半动态节点内存镜像。上半部分展示了 OPC UA 二进制编码地址空间的线性存储方式。此时内存镜像中包含了额外的导航信息并存储在非易失性空间内，而动态内存则通过屏蔽位的方式映射静态镜像中的变量内容。下半部分则展示了一种类似文件系统的镜像组织形式，此时整个节点或者某个信息可以在运行期间被动态改变

第一种实现地址空间后端程序的方案尤其适合简单的 OPC UA 应用场景。它将地址空间的内存镜像直接存储在非易失性区域内，比如程序代码段。在这种场景下，程序运行时往往只修改 10～100 个变量节点中的数据，比如传感器的配置参数以及测量结果。这些空间可以以静态方式在地址空间内预先分配。OPC UA 协议栈在针对这些变量执行写操作时，完全模拟了动态内存的访问方式。使用这种方式，系统只需要为那些在应用程序中修改的变量分配动态内存。因为变量节点在地址空间镜像中的地址在开发过程中被分配，所以这极大地降低了变量访问的开销。但是这种方式也有一个缺点，即无法对地址空间进行复杂的修改，比如无法动态地添加或删除节点、预定义变量类型和大小、无法实现用于历史数据的动态数组等。

另一个更加复杂的方案是使用简化的“文件系统”来实现地址空间后端程序，这类似于 EXT 文件格式的 iNode 节点或者 FAT 文件格式的表格。此时内存镜像被划分为小块（比如每块大小为 100 字节）。在经过这种划分的内存镜像中存在一个主索引表和多个子索引表，所有的节点 ID、地址以及与该节点相关联的内存空间都存储在这些索引表中。这些关联空间既可以位于代码段（静态内容），也可以位于动态内存。此时若通过后端程序访问节点信息，就无法通过直接寻址来实现，因为相关的内存段无须使用线性方式进行排列。

这样一个类文件系统的地址空间后端程序毫无疑问会增加实现的复杂程度，但是这种方式使得地址空间内存镜像的一部分位于动态内存而另一部分静态地位于代码段。假如再与基于索引表的“模拟”方式组合使用，它甚至可以修改内存镜像中的静态内容。这是因为内存镜像的静态数据段在运行时会被重定位到动态内存区域。当然这种方式与纯静态内存相比较也存在效率低下的问题，因为程序段始终无法得到完全的利用，所以对于变动频繁的地址空间，有必要周期性地整理动态内存碎片。

3.4.12　方法调用与中断

OPC UA 中的方法调用提供了触发目标系统上某项操作的实用手段，比如可以通过 OPC UA 配置工业设备中的某些执行器。当某个执行器通过方法调用获得指令的同时，它也接收了所有新的系统参数。独立于 OPC UA 协议，DIN EN 61158 标准规定了类似的“在线”和“离线”配置过程。

无论是嵌入式还是通常意义上的 OPC UA 协议栈，都能够通过方法调用的方式实现回调函数。然而更有意义的是，方法调用能够直接访问目标平台上的中断。对于不支持软中断的系统，方法调用甚至能够直接设置硬件中断标志。但这两种情况都需要保证函数中的参数以预定义的顺序和格式传递给应用程序。OPC UA 协议栈应严格检查该请求（request）的参数数量是否完备以及参数类型是否匹配，其中参数类型检查在任何情况下都不应成为应用程序的任务，否则这种费时费力的比较操作有可能发生在中断服务程序内，这更会导致应用程序代码延迟甚至不被执行。当协议栈中的递归函数调用或者某些错误函数导致堆栈溢出时，最坏情况下会导致系统在中断或者管理者（supervisor）模式下执行无权限代码。

小结

嵌入式系统在工业领域得到了广泛的应用。但是受限于有限的资源条件，在这些系统上实现 OPC UA 功能时，我们需要专门裁剪过的嵌入式 OPC UA 协议栈。本节主要讨论了在嵌入式系统上实现面向未来的 OPC UA 技术所应具备的一些重要框架和策略。

Chapter4 第4章

开发指南

4.1 Unified Automation 公司 OPC UA 开发环境

(Uwe Steinkrauss)

本章主要涉及选择 OPC UA 开发包中的一些考虑因素，尤其是面对“外购”还是“自研”这样一个问题时。目前，市面上除了商用终端产品，还存在着一些独立的 OPC UA 开发包和开发工具供应商，具体的厂商列表可参阅 OPC 基金会官网链接 https://opcfoundation.org/products。设备制造商在决定自己开发 OPC UA 之前，应当慎重权衡各种利弊。当一个配置了 OPC UA 功能的设备需要尽快推向市场时，开发和测试的时间成本则成为决定性因素。此时采用成熟的商用 OPC UA 软件开发包（SDK）将极大降低开发难度。除此以外，本章还将介绍一些比较和验证不同 OPC UA 产品的辅助工具，这些工具有助于将现有设备和生产线集成至 OPC UA 网络中。随后介绍 Unified Automation 公司中与平台无关的 OPC UA 软件开发板。最后，4.2 节和 4.3 节总结了基于商用和开源许可证的 OPC UA 开发指南。

4.1.1 开源软件或商用软件

OPC UA 标准提供了众多的可能性来集成 OPC UA 技术至现有的产品和设备中，而与每一种方案相关联的技术的复杂程度也各不相同。因此，如何挑选适当的技术路线来实现无缝集成是一项相当有难度的工作。原则上，我们可以将这些方案划分成 3 个不同的类别，根据具体的需求，可能需要进行相应的调整。

自主研发

OPC UA 标准是一个开放协议，每个人都可以访问标准的内容，由此也提供了完全自主开发的可能性。

基于开源软件

OPC 基金会网站提供了一些用于验证 OPC UA 协议的示例代码，这些代码都以开源形式（双重许可证）向基金会会员与非会员开放。不同之处在于，OPC 会员可以获得一种名为“Reziproke-Communi-Liense”的许可证，在这种许可证下，会员无须公开自身的实现代码；而非会员则受到严格的 GPLv2 许可证限制，即所有与示例代码相关的代码都必须以 GPLv2 许可证方式向外界开源。一些公司（比如微软）就深度参与到这种开放模式中。当然，除了 OPC 基金会示例代码，还存在众多的以不同语言编制的开源实现，这些开源来自大学、研究机构和个人等，并且它们的许可证条件也各不相同。使用者在采用之前应详细阅读这些许可证条款，以避免任何潜在的法律问题。

基于商用软件

这是目前大部分商用 OPC UA 产品所采用的策略，一些软件公司以商业授权和服务形式提供 OPC UA 软件开发包（SDK）。这些软件库会定期通过互操作研讨会（Interoperability-Workshop, IOP）进行互操作测试，以及进行 OPC UA 合规性（OPC UA Compliance）认证。有关这些软件开发包所支持的开发语言以及功能范围，请参阅 2.4 节。对于资源受限的小型嵌入式系统，有一些特殊定制的开发包，其对于内存容量和 CPU 速度的要求远低于通用版本。用户在决定采用哪种开发策略时，应根据具体的应用场景和所期待的实现目标进行仔细衡量。

下面，我们主要讨论基于商用软件（尤其是基于 Unified Automation GmbH 的 SDK）的开发模式。主要包含如何根据具体的应用场景（比如在功能模块需求以外）挑选合适的开发包，同时还需要注意面向未来的架构设计和可扩展性等。

4.1.2　开发语言

SDK 选型首先要考虑的一个因素为开发语言。Unified Automation GmbH 提供了以 3 种语言（ANSI C、C++ 和 C# .NET）编制的针对不同设备级别（见图 4-1）的 4 种不同的开发包。

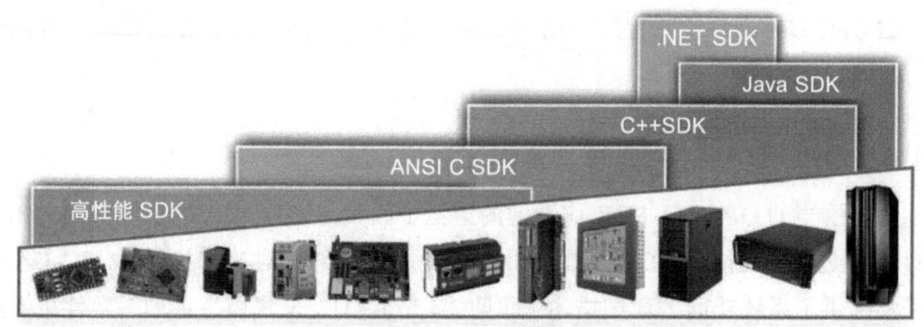

图 4-1　不同设备类别以及典型操作系统和编程语言 [© Copyright Unified Automation GmbH, 2017]

1. 高性能的 ANSI C 开发包：主要用于资源受限的嵌入式系统，比如 I/O 设备 / 传感器、小型控制器等。

2. 通用型的 ANSI C 开发包：目标设备为工业控制器等高级别的嵌入式设备。

3. C++ 开发包：针对 PC 系统或者高性能控制器等。

4. C# .NET 开发包：针对基于 Windows 操作系统的 PC 系统。

在现有设备中集成 OPC UA 技术时，决定因素当然是已采用的编程语言。开发时应尽量使用相同语言的程序库，以避免由不同语言开发的组件之间不必要的数据复制。在集成 OPC UA 服务器与数据源过程中，需要使用开发包提供的众多 API。所谓的数据提供者（dataprovider），一方面需提供用于读写数据源的 I/O 接口函数；另一方面还应提供节点管理接口，用于管理服务器地址空间以及在信息模型内对客户端进行导航（browse）。

4.1.3 操作系统

第二个需要考虑的 SDK 选择因素为目标系统的平台架构。SDK 原则上与平台无关，所有代码都可在任意操作系统和 CPU 架构上编译。对于 .NET 和 Java 版 SDK 而言，目标系统还需要提供相应的虚拟机执行环境。Java JRE 运行环境目前也得到大部分操作系统的支持，而 .NET 除了 MONO 框架，还存在一些 Linux 和 iOS 的执行环境。开发包中所有与特定平台相关的部分都被抽象到特定的接口层，当 SDK 在不同环境中移植时，仅需要替换该接口层的具体实现。不同 SDK 的组织架构都很类似（如图 4-2 所示），仅在下列组件之间存在细微的差别。

- 平台抽象层，主要包含特定操作系统的接口实现。
- OPC UA 协议栈的网络实现、OPC UA 消息编码 / 解码和网络安全部分。
- OPC UA 开发包库程序，用于实现 OPC UA 功能，比如会话管理、订阅管理、节点管理等。

4.1.4 OPC UA 功能选择

选择恰当的 OPC UA SDK 应考虑的第三个因素是 OPC UA 的功能范围。用户需对系统必备的功能和 SDK 所能提供的功能进行仔细的对比和权衡。OPC UA 功能子集提供了系统功能的详细描述（详见 2.4 节）。UA 子集由一系列一致性单元组成，而合规性单元则将逻辑上紧密相联的功能块封装在一起。UA 功能子集还可细分为“完整功能子集”（Profile）和“部分功能子集”（Facet）。“完整功能子集”（比如“嵌入式 OPC UA 服务器功能子集”）定义了 OPC UA 服务器应有的所有基础功能，而“部分功能子集”则在完整子集基础上定义了额外的功能实现，比如对历史数据的额外访问或者生成事件等。

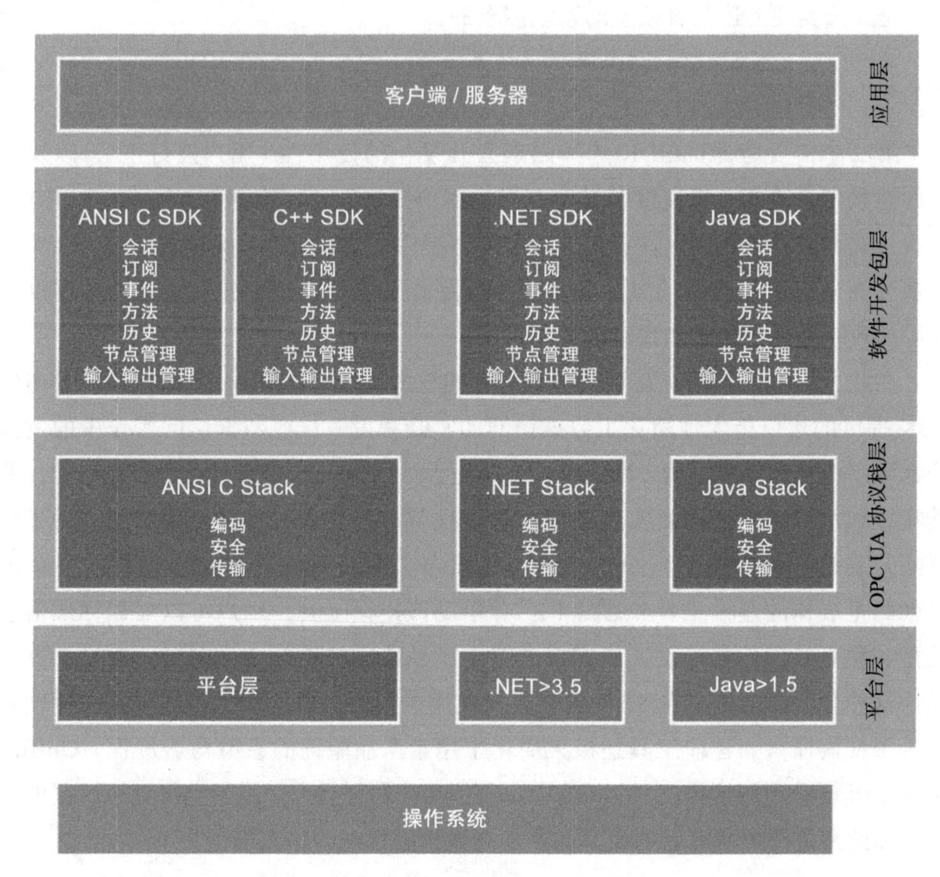

图 4-2　OPC UA 开发包的典型结构，包括 OPC UA 协议栈以及开发包 [© Copyright Unified Automation GmbH, 2017]

一个典型的 OPC UA 产品一般至少支持一个完整功能子集和多个部分功能子集，而且在不同的产品开发阶段，可随时增加 OPC UA 的功能以及相关的部分功能子集。

尤其是当产品规划中包含了某个行业伴随标准时，即在 OPC UA 基础上实现针对特定行业或行业协会所定义的标准时，那么 SDK 中就必须强制包含实现该行业标准所必需的完整功能子集和部分功能子集。例如，Auto-ID 信息模型是针对

RFID 和条形码读取器所指定的行业伴随标准。为了实现该信息模型，除了基础的 OPC UA 服务器子集，SDK 还必须支持额外的 OPC UA 方法、事件以及结构化数据类型等功能。此时一个仅包含数据访问功能的“嵌入式 OPC UA 服务器功能子集”是无法实现上述信息模型的系统需求的。

4.1.5 使用性

第四个需要考虑的 SDK 选择因素为开发包的使用性（用户友好度），以及与使用性紧密相关的开发速度，其中友好的用户接口设计在这方面起着决定性作用。二次开发者或者集成商往往希望开发包能够提供一个一致并且简单的 API，从而能够快速而且以不易出错的方式实现应用程序开发。开发包中的一些辅助程序以及良好的封装性也有助于加快整体开发进度。

在此过程中，数据交互往往不是重大的技术挑战。Unified Automation 公司的 SDK 提供的接口极大地简化了数据访问的复杂程度，这些数据访问操作中的大部分都可以转换为简单的读 / 写操作。相对而言，如何设计并实现一个地址空间，尤其在该地址空间内还需要实现某个信息模型时，其复杂程度将显著增加。为了降低用户在这方面的难度，Unified Automation 公司首次在开发包中提供了一个内置代码生成器的建模工具（见图 4-3）。借助该建模工具，用户可以加载标准信息模型、建立专用信息模型，或者根据特定产品信息扩展标准模型等。建模工具可以为这种分层模型生成在 SDK 中可直接使用的代码，由此大大提高了开发速度并改善了代码质量。建模工具还极大简化了用于产品验证的原型构造过程。Unified Automation 公司的建模工具 UaModeler 在 OPC 基金会工作组中也得到了广泛的应用，以此来进行快速有效的设计和实现行业伴随标准的信息模型。

4.1.6 接口设计

SDK 的灵活性是第五个需要考虑的 SDK 选择因素。一个设计良好的 SDK 除了要提供能够加速开发过程的简化接口，同时还应提供所谓的“专家模式”。在这种模式下，用户通过扩展的接口程序进行应用程序定制化优化；而简化的接口往往节省出的空间有限，因此对特定应用场景无法进行有效的优化。比如针对一个需要提供海量对象和变量访问的 OPC UA 服务器，就可以通过扩展接口函数实现更加优化和更加高效的数据访问。

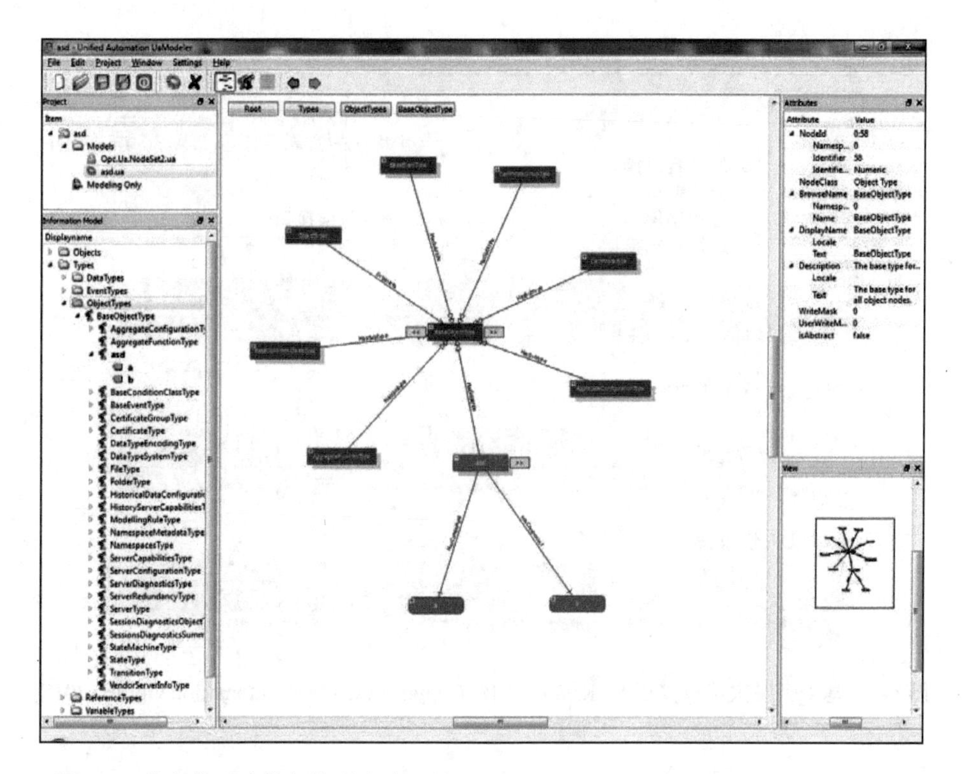

图 4-3 信息模型建模与代码生成工具 UaModeler [© Copyright Unified Automation GmbH, 2017]

基于上述原因，Unified Automation 开发包一直提供两套接口（见图 4-4）。透过所谓的“开发包层”，用户在绝大多数场合下都可以利用简化接口快速实现所希望的 OPC UA 功能。

根据需求，用户也可以利用第二个接口层（即“ SDK 接口层”）来实现数据交互。此时，开发者可以访问某些特定函数，直接为 OPC UA 客户端提供用户数据。这些函数需要开发者具备良好的 OPC UA 知识，但同时也对开发提供了极大的灵活性。Unified Automation 开发包还允许开发人员在这两套系统之间进行灵活切换。

即使在开发的初始阶段并不需要使用这种灵活性，但是其对于后续更高阶段的开发工作具有重大意义。比如，在不改变 OPC UA 整体设计或者不替换 OPC UA 函数库的前提下，对某个特定功能进行深度优化等。

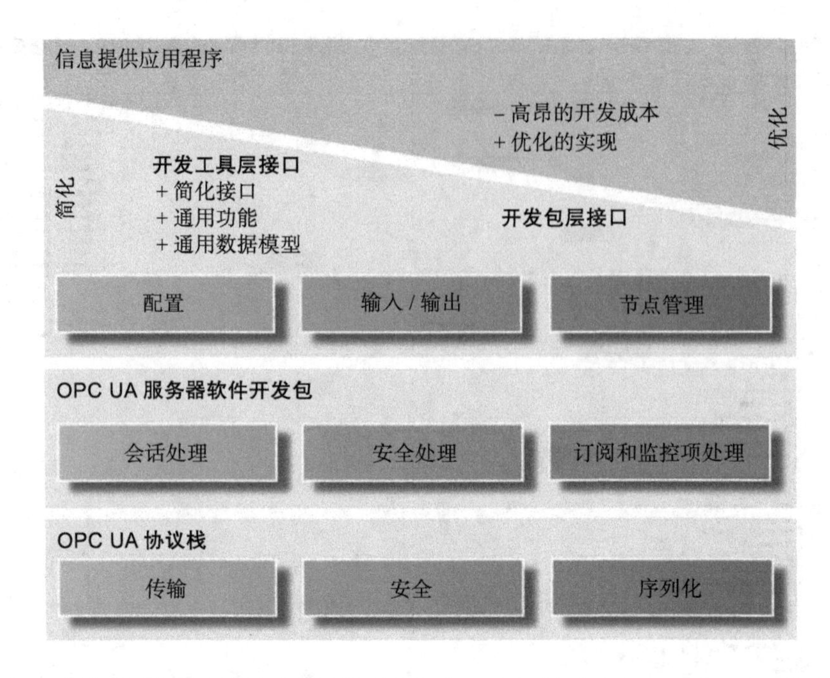

图 4-4 基于多层次接口实现 SDK 灵活性 [© Copyright Unified Automation GmbH, 2017]

4.1.7 可扩展性

第六个也是最后一个需要考虑的 SDK 选择因素是外部函数库和功能的可扩展性，更确切地说，是通过添加额外的程序库来增加系统的附加值，使得最终产品能够访问更多功能。举例说明，利用冗余插件（AddOn），可在不同 OPC UA 服务器之间实现冗余功能（redundancy），该插件在两个冗余的 UA 服务器之间定期地同步数据。数据库插件可轻易地将 OPC UA 服务器转化为数据记录仪（datalogger）。借助 OPC UA 历史数据访问功能，可重现已归档的节点信息。另外，UA 服务器的网络安全功能也可借由系统插件实现进一步扩展。通常情况下，UA 服务器将其数字证书存储在该设备的文件系统中。假如系统私钥能够存储在某个特殊的硬件芯片内，则可大幅提高证书存储的安全性。这种特殊芯片还可执行复杂的加密算法，从而极大地降低主 CPU 负载，并提供更强大的加密功能；设备由此也获得了处理更多数据的计算能力。这种芯片一般都通过标准硬件接口（比如 TPM（Trusted Platform Module）），集成在系统之中。利用 Unified Automation 公司提供的第三方程序，其他公司也可轻易地实现此类系统附加功能。例如，Wibu-System AG 公司将 OPC UA SDK 与 CodeMeter 硬件加密技术进行绑定，从而实现了对 OPC UA 设备的加密保护。某些插件则对传输协议进行了扩展，比如 OPC UA 发布 / 订阅模型与 AMQP 或者 MQTT 结合实现直接访问云端数据；或者与时间敏感网络技术相结合实现 OPC UA 数据的实时传输等。除此之外，用户还可利用一些实用工具来固化信息模型或者转换数据格式。

4.1.8 性能与资源

当目标系统上的资源非常有限时，需要使用一些特定的 SDK。虽然基于子集的 OPC UA 本身具备很高的可裁剪性，但是人们往往并不希望削减 OPC UA 功能，尤其是 OPC UA 的一些重要组件（比如网络安全、系统监控、详细的信息模型描述等）。为了扩大 OPC UA 技术在小型设备以及传感器 / 执行器等领域的应用，Unified Automation 公司开发了一个特别的优化版本——高性能 SDK。该 SDK 基于全新的架构，并对内存消耗进行了专门优化，从而大幅提升了运行效率。高性能 SDK 除了优化了 OPC UA 协议栈，还对从网络层一直到应用层所有与应用程序相关的部分进行了优化，进而消除了基于 OPC 基金会 UA 协议栈实现的 SDK 版本对于资源的高需求限制。与普通的 ANSI C SDK 相比较，高性能 SDK 以不到一半的资源需求实现了两倍的数据吞吐量。借助高性能 SDK，我们可以在内存容量不到 200KB 的 Cortex M4 平台上实现功能完整的 OPC UA 服务器。

高性能 SDK 其实不仅适用于小型系统，它对资源的低需求特点也可以帮助高性能设备扩展新的应用领域。比如，对于大型云端或者大数据应用场景，高性能 SDK 可使设备能够管理高达 1000 个并发链接或者配置大于 1000 万节点的巨型地址空间。

4.1.9 现有设备的移植

现有的生产线或产品可以利用多种方式融合到 OPC UA 世界中。尽管上一代基于微软公司 COM 技术的 OPC 接口在功能上无法与新一代 OPC UA 技术相比较，但由于历史原因，它仍然在工业中得到了广泛的应用。软件网关（software-gateway）作为联系两代产品的桥梁，可以从一个简单透明的数据网关一直扩展到 OPC UA 特定信息的集散地。Unified Automation 公司的 UaGateway 产品就实现了这些功能。UaGateway 是一款 Windows 应用程序，用户仅需要将其安装在运行经典 OPC DA 服务器的 PC 上。UaGateway 在运行时与 OPC DA 服务器建立一个本地的链接通道，并将获得的数据以 OPC UA 格式向外传送。此时数据传输就可以在 OPC UA 框架下进行加密和署名，这样就保证了数据传输的网络安全性。这种与 OPC DA 服务器的本地链接还省却了麻烦的 DCOM 配置过程。通过在两个不同地理位置的设备中分别安装 UaGateway，就有可能在它们之间基于 OPC UA 链接建立一个安全的数据传输通道。利用上述产品和方案，现有设备就可以逐步融合到 OPC UA 体系内。

4.1.10 测试工具与性能比较

为了测试和比较不同的 OPC UA 服务器，Unified Automation 公司还提供了一款免费的测试客户端的工具 UaExpert。该测试工具一开始是作为开发人员的参考客户端而设计的，但也常常被调试和应用开发人员所使用。UaExpert 是基于 Unified Automation 公司自己的 SDK 开发的 QT 应用程序，同时可在 Windows 和 Linux 下运行。在系统调试阶段，用户可以借助一些易用的工具测试基本的 OPC UA 功能，比如与服务器建立链接等。在 UaExpert 的诊断模式下，将会显示所有由 OPC 基金会定义的诊断数据，比如当前活动的链接数量，或者自系统启动以来所创建的订阅者数量等。

在比较不同的 OPC UA SDK 或者服务器时，性能测试（见图 4-5）能够提供重要参考信息。UaExpert 通过执行一系列的 OPC UA 操作（比如循环一定次数的 OPC UA 读操作）来评估系统性能，并且在操作过程中能够不断变更节点和变量的数量。最终的测试结果将以图形的方式直观地呈现给用户，用户可以选择性地查看整个测试的平均值，或是某次特定测试的结果。图 4-5 展示了某个注册节点中的 1000 个数据（UInt32 类型）通过 100 次循环读取后产生的平均值。测试用服务器是基于高性能 SDK 开发的，数据完成一次传输的平均周期时间大约为 0.87μs，而完成 20 000 个节点信息的传输也仅仅需要 17μs。

小结

当开发一个基于 OPC UA 技术的专业的工业软件时，开发人员应尽可能选择商用开发包，比如 Unified Automation 公司的产品。这些开发包不仅能够提供功能齐全的、经过现场验证的内核库，同时还提供更加专业的开发工具和文档。商用 SDK 往往能够大幅提升产品开发的进度和质量。

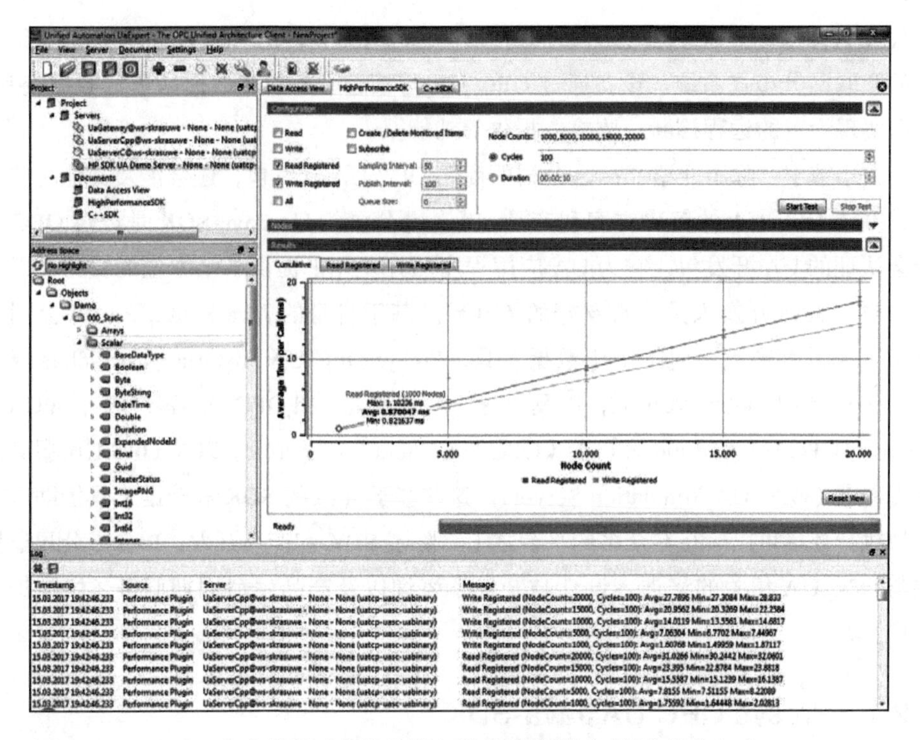

图 4-5 UaExpert 客户端针对高性能服务器的性能测试（每次操作包含 1000～2000 个标签）[© Copyright Unified Automation GmbH, 2017]

4.2 Prosys OPC 开发工具与库函数

(Jouni Aro /Heikki Tahvanainen)

a)

b)

图 4-6 Prosys OPC UA Java 语言软件开发包

随着工业互联网和物联网的高速发展，OPC UA 逐渐成为用户在开发满足新一代互联需求的产品时首选的通信协议，在此基础上，用户可以建立一套基于云端的互联网分布式系统。设备通过 OPC UA 与核心服务器和数据区进行数据交互，进而实现设备的远程诊断、监控、报告等功能。

在本节中，除了介绍 Prosys 公司的商用 OPC UA 开发包，还会涉及其他一些典型的基于 OPC UA 的解决方案和产品。Prosys 公司的 UA Java-SDK 是经过 OPC 基金会认证的 UA 开发包，它为 UA 应用程序的开发几乎提供了全方位的支持，以及一个对于 Java 开发人员非常友好的 API 层。基于自身的 Java-SDK，Prosys 公司还开发了一系列产品，包括历史数据工具（Prosys OPC UA Historian)、Modbus 服务器（OPC UA Modbus-Server)，以及免费的测试工具，如 OPC UA 客户端（OPC UA Client)、OPC UA Android 客户端（OPC UA Client for Android）以及 OPC UA 服务区仿真程序（OPC UA Simulation Server)。这些基于 Java 的 SDK 和辅助工具借助 Java 虚拟执行环境可以运行在众多的平台之上。除了 SDK 和产品开发，Prosys 公司还提供与 OPC UA 相关的培训、设计与开发、咨询以及产品生命周期服务（如维护和支持）等。

4.2.1 Prosys OPC UA Java-SDK

基于 Java 的应用开发

Prosys 公司的 OPC UA Java-SDK 尤其适用于开发跨平台的 OPC UA 系统。该 SDK 使得基于 OPC UA 的数据通信更加易于实现；高级语言编程接口也令应用程序开发过程更加快速；同时还支持众多的 CPU 平台，唯一的要求是系统需提供 Java SE 6 或以上的虚拟运行环境。

基本功能

Prosys Java-SDK 定义了一系列用于调用 OPC UA 服务的 Java 编程接口。尤其值得注意的是 SDK 对象（SDK-Object）的设计，良好的接口设计使得其在应用开发中更加简单和直观。基于该 SDK 开发的用户逻辑能够方便地处理 OPC UA 服务器中的数据。

Prosys Java-SDK 提供了开发有完整功能的 OPC UA 客户端或服务器所需要的全部基础环境。

- 链接（connection）和会话（session）管理。

- 订阅（subscription）管理。
- 地址空间（address space）管理。
- 安全证书（security certificate）管理。
- 节点与属性（node and attribute）管理。
- 事件（event）管理。
- 方法服务（method service）。

Prosys 为该 SDK 还配套了教程与示例代码，它们不仅展示了库函数的使用方式，同时也使 OPC UA 应用开发人员能够快速入门。Prosys Java-SDK 支持四个版本：客户端 SDK 以及客户端 & 服务器 SDK 的二进制版和源代码版。

OPC UA 一致性认证

虽然认证过程极其烦琐，但一致性认证却是 OPC UA 的有机组成部分。它保证了 OPC UA 产品能够以期望的方式工作，这意味着用户仅仅需要对接口进行配置就可以无缝地集成不同厂商的 OPC UA 产品。

Prosys Java-SDK 通过了 OPC UA 标准 1.02 版的一致性认证，包括客户端和服务器的基本子集以及数据访问子集。合规性认证同时还意味着该 SDK 内包含的所有示例程序也遵循 OPC UA 标准。借助已认证的 SDK 的标准功能，最终产品的认证过程也变得相对容易些。

Prosys 公司专注提升 SDK 对于 OPC UA 标准的高质量合规性以及运行过程中的稳定性。Prosys SDK 将得到持续的研发，以满足未来对于不同 OPC UA 子集的兼容性，为此该 SDK 也会针对新版 OPC UA 标准进行持续测试。

客户端版 SDK 功能

首先，用户此时使用的应是 UA 客户端类。它封装了与 OPC UA 服务器的链接，并能够执行不同的 OPC UA 通信操作。客户端类由此为应用程序提供了一个访问 OPC UA 服务器的简洁接口。所有的客户端应用程序都包括一些通用的系统设置，比如应用程序描述、应用程序实例证书以及常用的链接参数配置（如服务器端点等）。

限于篇幅原因，此处我们跳过一些初始化配置，比如与哪个服务器端点且以何种方式建立链接等，而是直接从如何建立链接开始。当所有的配置参数初始化完毕后，就可通过下面的接口函数与所希望的服务器建立链接。

```
client.connect();
```

通常情况下，用户首先通过遍历 OPC UA 服务器端的地址空间获取所希望读写的对象。地址空间由众多不同的节点（变量和对象等）、引用（reference）以及不同节点之间的关系（relation）等元素组成。在基于 OPC UA 的通信过程中，节点的识别是通过节点 ID（NodeId）来实现的。另外，该 SDK 还定义了 UA-Node 概念，即为 OPC UA 节点的完整对象表达形式，包括对其引用的访问接口。

下面的示例代码展示了如何遍历地址空间。

```
// Fetch a node corresponding to a nodeId
UaNode node = client.getAddressSpace().getNode(nodeId)
// Fetch the references of the node
UaReference[] references = node.getReferences();
// The references can be used to browse mode nodes in the address space
for (UaReference r: references) {
     UaNode targetNode = r.getTargetNode();
     …
}
```

当查找到所希望访问节点的 NodeId 之后，就能实现对该节点属性的读写操作，比如改变变量的数值或者节点的显示名称等。下述代码展示如何读写单个节点的属性值（其中第二个参数为确定节点属性的标识 ID）：

```
DataValue value = client.readAttribute(nodeId, Attributes.Value);
client.writeAttribute(nodeId, Attributes.Value, value);
```

当希望监控服务器端的变量是否有状态发生改变时，最好使用下面的订阅方式。此处需要使用 MonitoredDataItem 类。

```
  Subscription subscription = new Subscription();
  MonitoredDataItem item = new MonitoredDataItem(nodeId, Attributes.
Value, MonitoringMode.Reporting);
  item.setDataChangeListener(dataChangeListener);
  subscription.addItem(item);
  client.addSubscription(subscription);
```

上述代码仅订阅了一项内容。用户当然可以定义多项订阅或者在一项订阅中添加任意多的订阅内容。当所订阅的内容在服务器端发生改变时，客户端能够及时获悉并更新状态。这种所谓的“监听者”可通过如下代码来定义。

```
private static MonitoredDataItemListener dataChangeListener =
new MonitoredDataItemListener() {
  @Override
```

```
  public void onDataChange(MonitoredDataItem sender,
  DataValue prevValue, DataValue value) {
    MonitoredItem i = sender;
    System.out.println(dataValueToString(i.getNodeId(),
    i.getAttributeId(), value));
  }
};
```

应用程序最后调用断开链接函数来结束当前会话。

```
client.disconnect();
```

Prosys OPC UA Java-SDK 在上述基本功能之外还支持更多高级功能，比如事件订阅、历史数据访问、OPC UA 方法调用等。基于上述简短的说明，我们介绍了 OPC UA 客户端开发的基本概念，比如如何订阅监听等。下面的示例代码则展示了一个短小但是完整的 OPC UA 客户端应用。

```
/**
* A very minimal client application. Connects to the server and reads one
* variable. Works with a non-secure connection.
*/
public class SimpleClient {
    /**
    * @param args
    */
    public static void main(String[] args) throws Exception {
        UaClient client = new UaClient("opc.tcp:
        //localhost:52520/OPCUA/SampleConsoleServer");
        client.setSecurityMode(SecurityMode.NONE);
        initialize(client);
        client.connect();
        DataValue value = client.readValue(Identifiers.Server_
            ServerStatus_State);
        System.out.println(value);
        client.disconnect();
    }

    /**
    * Define a minimal ApplicationIdentity. If you use secure
    connections, you
    * will also need to define the application instance certificate and
    manage
    * server certificates. See the SampleConsoleClient.initialize()
    for a full
    * example of that.
    */
    protected static void initialize(UaClient client)
```

```
          throws SecureIdentityException, IOException, Unknown
          HostException {
      // *** Application Description is sent to the server
      ApplicationDescription appDescription = new
      ApplicationDescription();
      appDescription.setApplicationName(new LocalizedText
      ("SimpleClient", Locale.ENGLISH));
      // 'localhost' (all lower case) in the URI is converted to the actual
      // host name of the computer in which the application is run
      appDescription.setApplicationUri("urn:localhost:UA:Simple
      Client");
      appDescription.setProductUri("urn:prosysopc.com:UA:Simple
      Client");
      appDescription.setApplicationType(ApplicationType.Client);
      final ApplicationIdentity identity = new ApplicationIdentity();
      identity.setApplicationDescription(appDescription);
      client.setApplicationIdentity(identity);
    }
}
```

服务器版 SDK 功能

与客户端版类似，用户首先需要接触的是 Ua-Server 类，它定义了一个全功能的 OPC UA 服务器。Ua-Server 类通过下面的代码来创建实例。

```
UaServer server = new UaServer();
```

所有的服务器应用程序都包含一些通用的系统设置，比如应用程序描述、应用程序实例证书、常用的链接参数配置（如服务器端点），以及网络安全模式等。而 Java-SDK 和 Ua-Server 对象的主要工作则是尽量简化系统的初始化。对于某些特殊的应用程序功能（比如用户验证等），用户需自定义函数，并对 UA 服务器进行适当的配置，以便服务器能够使用这些功能。例如，针对下面的用户令牌（User-Token）验证方式，用户需要自定义相应的 UserValidator 类。

```
  private static UserValidator userValidator = new UserValidator() {
  @Override
  public boolean onValidate(Session session, UserIdentity userIdentity)
{
  // Return true, if the user is allowed access to the server
  // Note that the UserIdentity can be of different actual types,
  // depending on the selected authentication mode (by the
  // client).
  println("onValidate: userIdentity=" + userIdentity);
  if (userIdentity.getType().equals(UserTokenType.UserName))
  if (userIdentity.getName().equals("opcua")
```

```
&& userIdentity.getPassword().equals("opcua"))
return true;
else
return false;
if (userIdentity.getType().equals(UserTokenType.Certificate))
// Implement your strategy here, for example using the
// PkiFileBasedCertificateValidator
return true;
return true;
}
};
```

然后就可利用下列的设置函数在UA服务器中使用自定义的 UserValidator 类。

```
server.setUserValidator(userValidator);
```

OPC UA服务器中除了有网路安全和其他一些重要的扩展功能，处于最中心位置的当属地址空间。它定义并管理着与服务器相关的所有数据。而地址空间本身则通过 NodeManager 对象来管理。当用户希望在自己的UA服务器上添加节点时，需要定义一个拥有专有命名空间的节点管理器（NodeManager）。

```
myNodeManager = new NodeManagerUaNode(server,
"http://www.prosysopc.com/OPCUA/SampleAddressSpacex0201C;);
```

之后即可创建节点对象并将其添加到节点管理器中。

```
int ns = myNodeManager.getNamespaceIndex();
// My Device
final NodeId myDeviceId = new NodeId(ns, "MyDevice");

// "this" references the NodeManager
myDevice = new UaObjectNode(this, myDeviceId, "MyDevice",
Locale.ENGLISH);
// to keep the example short, myDeviceType and myObjectsFolder
// initializations is not shown.
myDevice.setTypeDefinition(myDeviceType);
myObjectsFolder.addReference(myDevice, Identifiers.HasComponent,
false);
```

绝大部分OPC UA类型都以某个数据结构的方式来定义，不管是对象还是变量，都是类型的实例，并且包含了相应的数据结构。可以以下面的方式来创建一个新的数据项。

```
DataItemType node = nodeManager.createInstance(DataItemType.class,
"DataItem");
```

简单来说，节点管理器的任务就是管理 OPC UA 地址空间内的所有节点。OPC UA 服务器的其他功能也都通过一个类似的管理器来实现管理功能。这些管理器的标准功能能够满足大部分应用的需求，在少数场合则需要根据具体需求进行一定的改进与扩展，比如实现自定义的“监听者”。极端情况下，用户甚至必须重新设计该管理器的标准功能实现。

UA 服务器端 I/O 管理器的作用主要是管理来自客户端的读写请求。在一个标准的 I/O 管理器设计中，这些读写请求直接访问节点管理器内 UaNode 节点对象的属性值。对于超出 I/O 管理器标准读写操作范围的扩展读写操作，用户可以通过 IoManagerListner 对象来实现。这样用户在保留标准 I/O 管理器的同时，还可以实现一些自定义方法。当然用户也可以完全重写 IoManger。借助自定义管理器，用户可以实现一些特定的需求。除了节点管理器，事件、方法和历史数据等管理器也可以通过类似的途径进行自定义。

在 UA 服务器完成初始化之后，可调用下面的函数来启动程序了。

```
server.start();
```

最后调用 shutdown() 函数来关闭 UA 服务器。服务器在正式关闭之前会通知所有与之相连的客户端。

```
server.shutdown(5, new LocalizedText("Closed by user",
Locale.ENGLISH));
```

在上述简单的描述过程中，示例代码可能由于完整的上下文而显得不易理解。但此处希望强调的重点是，用户可以在 UA 服务器端通过改写 SDK 接口的标准实现来达到自定义的目的。

代码生成器

OPC UA 信息模型是一个极其方便的辅助工具，但也使用户自定义类型的实现和部署变得更加困难。编程人员首先需要实现相应的编码器和解码器，以便自定义类型能够实现设计目标。在某些情况下，如何在地址空间内正确地组织这些自定义类型，并为之找到合适的类型字典文件（type-dictionary-file），也是一件非常困难的事情。但是为了其他应用程序能够理解这些类型，上述工作往往不可避免。另外还需注意的是，信息模型本身也可能发生改变。为了达到某个目标，开发人员需要注意许多细节。简而言之，在实际应用中，部署信息模型并不总是一件简单的事情。

Java-SDK 内置的代码生成器能够将节点集合 NodeSet2 中的信息模型从 XML 格式（OPC 基金会定义的信息模型描述标准格式）转换为 Java 类。利用代码生成器，用户也能够更加方便地实现自定义类型和数据结构。

在下面这个相对简单的应用实例中，我们将创建一个针对通风系统的信息模型。`ValveType` 类型包含了变量以及方法，其中 4 个变量分别为双精度的电流值 `Stromfluss`、布尔型的状态变量 `IsOpen`、枚举变量阀状态 `ValveState` 和下一次检修日期 `BestBefore` 变量。另外，该信息模型还包含一个实现状态控制的方法。整个对象类型如图 4-7 所示。同样的信息模型以 XML 格式描述的程序如下所示。

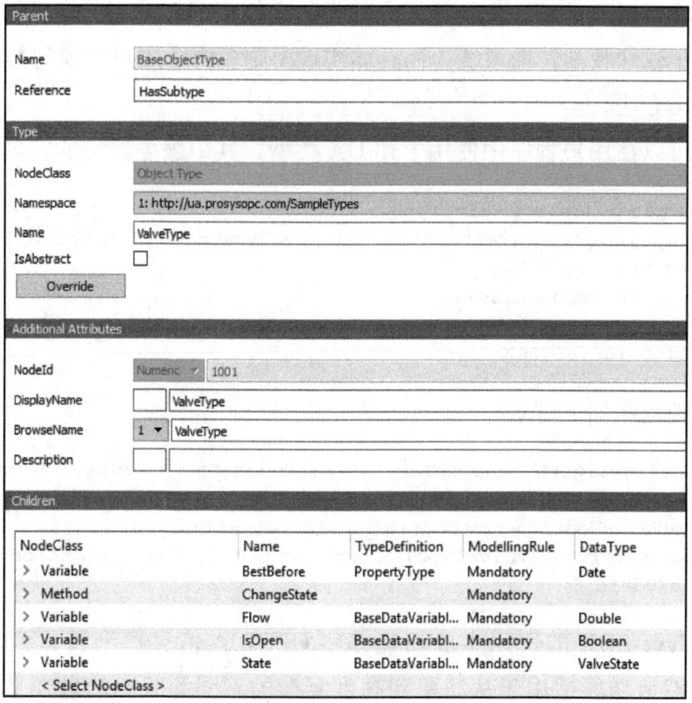

图 4-7 UaModeler 建模对象类型与数值类型

```
<UAObjectType NodeId="ns=1;i=1001" BrowseName="1:ValveType">
<DisplayName>ValveType</DisplayName>
<References>
<Reference ReferenceType="HasProperty">ns=1;i=6012</Reference>
<Reference ReferenceType="HasComponent">ns=1;i=7001</Reference>
<Reference ReferenceType="HasComponent">ns=1;i=6010</Reference>
```

```
<Reference ReferenceType="HasComponent">ns=1;i=6011</Reference>
<Reference ReferenceType="HasComponent">ns=1;i=6002</Reference>
<Reference ReferenceType="HasSubtype" IsForward="false">i=58
</Reference>
</References>
</UAObjectType>
```

上述代码所引用的变量和方法分别在 UAVariable 和 UAMethod 块中定义，为了行文简单，这里未单独列出具体的定义形式。

代码生成器为上述信息模型中的每个 UA 类型创建了 5 个文件（4 个类定义文件和 1 个接口定义文件）。对于客户端 / 服务器功能来说，还会创建额外的 Java 类，以及 1 个抽象类和 1 个普通类，在这两个类中，用户可实现自定义功能。从本质上来说，这是将接口和基础抽象类与用户对类的具体实现相分离。接口与基础抽象类往往不受限于软件版本管理系统，而具体实现类则包含了用户实现的 OPC UA 方法或其他自定义方法。

这时就可以在用户程序中使用上述 UA 类型，其中服务器端的实现代码如下。

```
  // A sample generated ValveType
  ValveType myValve = createInstance(ValveType.class, "MyValve");
  myValve.setFlow(0.0);
  myValve.setIsOpen(true);
  myValve.setBestBefore(DateTime.parseDateTime
("2020-01-01T00:00:00Z"));
```

而客户端程序如下所示。

```
int ns = client.getNamespaceTable().getIndex("http://www.prosysopc.
com/OPCUA/SampleAddressSpace");
NodeId myValveNodeId = new NodeId(ns, "MyValve");
ValveType myValve = (ValveType) client.getAddressSpace().getNode
(myValveNodeId);
```

Prosys Java-SDK 的代码生成器能够将 OPC UA 信息模型转化为易于使用的 Java 类。虽然该功能适用于从简单到高度复杂的不同等级的信息模型，但是明显对于后者用户的收益更大。

4.2.2 基于 Java-SDK 的测试工具

在 Java-SDK 基础上，Prosys 公司开发了三款免费的 OPC UA 应用开发测试工具和调试工具，这些工具可从官方网站 https://prosysopc.com/products 下载。

Prosys OPC UA 仿真服务器

Prosys OPC UA 仿真服务器是一款独立运行的 UA 服务器程序（见图 4-8），用户可在此基础上快速实现数据 OPC UA 技术，并搭建自身的仿真环境以测试 OPC UA 客户端程序。该仿真服务器完全基于 Prosys 公司的 OPC UA Java-SDK 而开发的，因此独立于系统平台，可分别运行于 Windows、Linux 以及 OS X 之上。

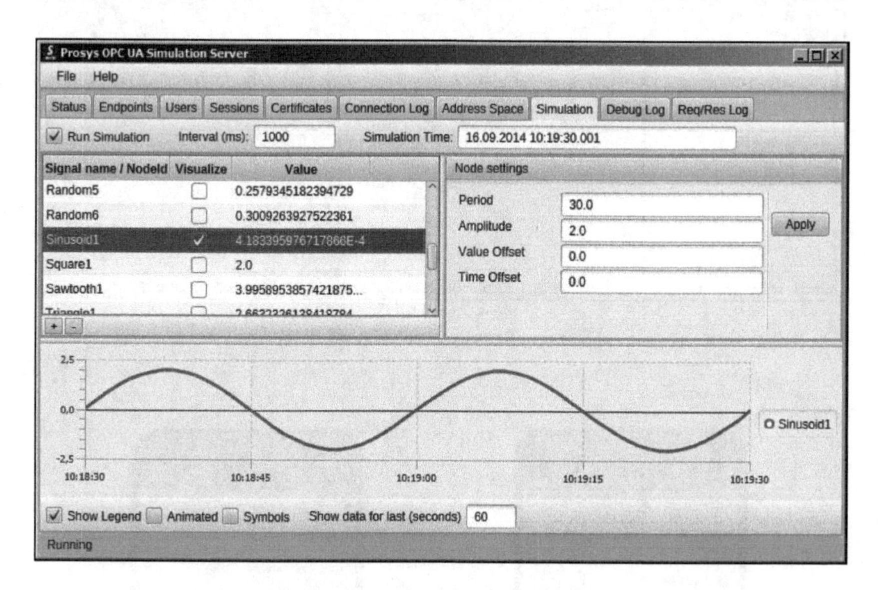

图 4-8 Prosys OPC UA 仿真服务器

Prosys OPC UA 客户端

Prosys OPC UA 客户端是一款为 Prosys OPC UA Java-SDK 开发的通用型 OPC UA 客户端程序（见图 4-9），它支持典型的 OPC UA 功能，比如数据访问（data access）、历史数据访问（historical access），以及报警和条件（alarms & conditions）。

Prosys OPC UA 安卓客户端

图 4-10 所示为 Prosys OPC UA 安卓客户端，其同样基于 Prosys OPC UA Java-SDK 而面向安卓系统开发的。利用该客户端，用户可在安卓设备上实现众多的 OPC UA 功能，比如与服务器建立链接、浏览地址空间、执行读写操作、监控变量值、监听事件、访问历史数据以及调用方法等。

Prosys OPC UA 安卓客户端可从 Google Play 商店免费获取。

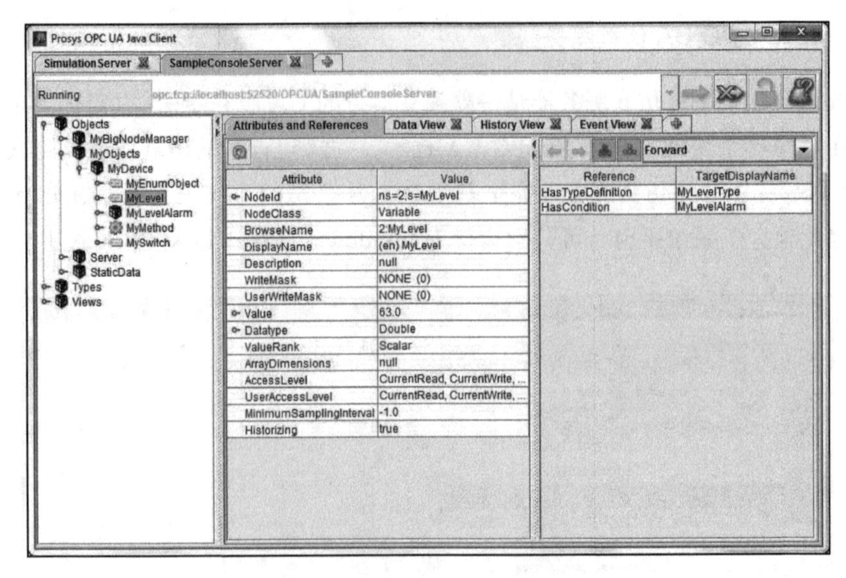

图 4-9　Prosys OPC UA 客户端

图 4-10　Prosys OPC UA Android 客户端

4.2.3　Prosys OPC UA Historian 工具

简单、可靠并且安全的数据记录对于系统集成和工业物联网（IIoT）来说是极其重要的功能。而许多数据源（比如工业设备）的自身资源并不足以支撑历史数据的存储，此时就是 OPC UA 历史数据功能（见图 4-11）一展身手的时刻。

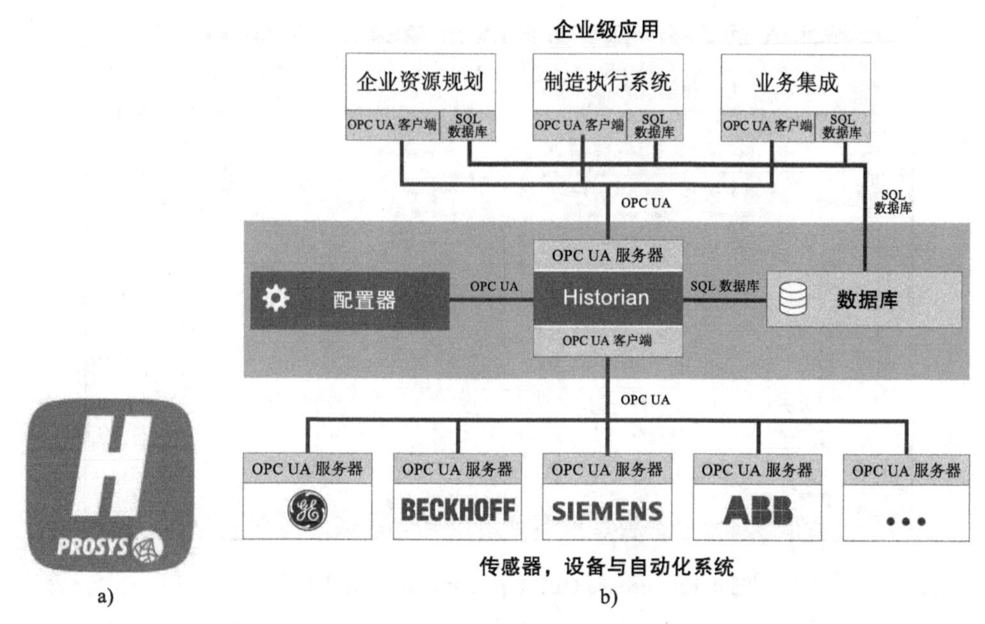

a)　b)

图 4-11　历史工具作为数据记录仪和网关可与现有 IT 和自动化系统无缝集成

Prosys OPC UA Historian 工具不仅能够记录历史数据，而且还可以作为网关访问所有下属 OPC UA 服务器上的实时数据。此时所有的数据都位于唯一一个单独的数据访问点之后，这使得更加严格的防火墙配置和更加均衡的网络控制变得可能，从而导致整个 IT 系统架构的设计更加简单，进而提供系统网络安全特性。

Prosys OPC UA Historian 工具的这个功能尤其适合满足不同需求的应用场合，同时它还是有效管理制造系统中传感器数据的重要一环。

Prosys OPC UA Historian 工具概览

目前该工具支持 MS SQL Server、MySQL 和 MariaDB 数据库。用户可在应用程序中直接配置数据采集配置参数，比如数据在数据库中的生存周期等。

Prosys OPC UA Historian 工具以 OPC UA 客户端方式运行，在执行相应的网络连接配置之后与 OPC UA 服务器建立链接。Historian 工具同样基于 Prosys OPC UA Java-SDK 开发，从而能够提供足够的性能和互操作性。

当 Historian 工具与 UA 服务器建立链接之后，就可以添加该服务器的采集项（collection-items）了，如图 4-12 所示。一般情况下，数据采集通过 OPC UA 订阅服务来实现，未来也可通过调用读取服务来实现。

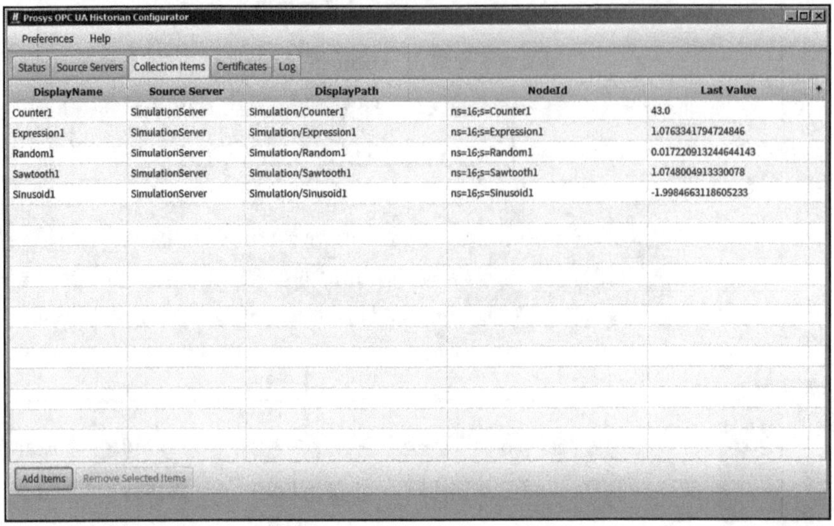
Prosys OPC UA Historian Configurator
Preferences Help
Status Source Servers Collection Items Certificates Log
DisplayName Source Server DisplayPath NodeId Last Value
Counter1 SimulationServer Simulation/Counter1 ns=16;s=Counter1 43.0
Expression1 SimulationServer Simulation/Expression1 ns=16;s=Expression1 1.0763341794724846
Random1 SimulationServer Simulation/Random1 ns=16;s=Random1 0.017220913244644143
Sawtooth1 SimulationServer Simulation/Sawtooth1 ns=16;s=Sawtooth1 1.0748004913330078
Sinusoid1 SimulationServer Simulation/Sinusoid1 ns=16;s=Sinusoid1 -1.9984663118605233
Add Items Remove Selected Items

图 4-12 Prosys OPC UA Historian 工具用户界面

Historian 工具启动之后，任何的 OPC UA 客户端程序都可与之相连，并访问来自其他 UA 服务器上的数据，以及所有在 Historian 工具中配置的变量的历史数据。

Historian 工具的文档详细说明了 SQL 数据库格式，用户可很容易实现与 SQL 数据库的链接。数据库保存了作为数据来源的 UA 服务器的所有信息以及所配置节点的历史数据。

Prosys OPC UA Historian 工具展望

Historian 工具以模块方式开发，从而面向未来可提供更多的通信协议支持和集成。Prosys OPC UA Historian 工具在拥有上层信息模型的同时，还可对下层设备进行扩展。

更多有关 Prosys OPC UA Historian 工具的信息以及评估版本下载链接，请见 https://prosysopc.com/products/opc-ua-historian/。

4.2.4 Prosys OPC UA Modbus 服务器

Prosys OPC UA Modbus 服务器（见图 4-13）是一款用在 OPC UA 和 Modbus

总线之间进行协议转换的 OPC UA 服务器程序。Modbus 服务器将 Modbus 设备的实时数据传输给 OPC UA 客户端，同时将客户端数据中继给 Modbus 现场设备。

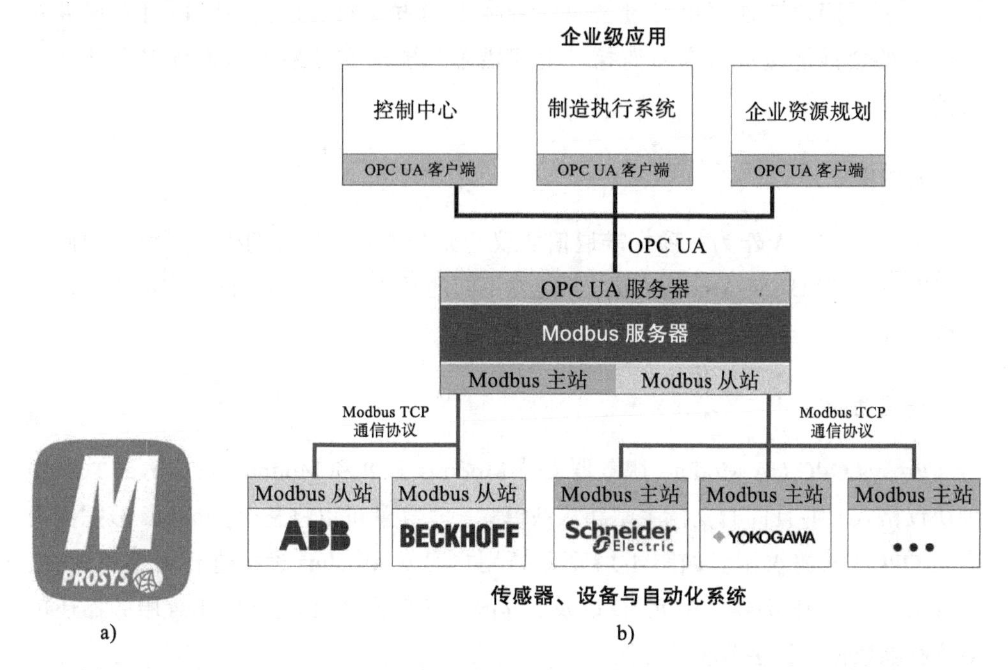

图 4-13 a) Prosys OPC UA Modbus 服务器；b) OPC UA Modbus 服务器无缝地集成来自不同厂商的产品

Prosys OPC UA Modbus 服务器的开发目的是提供一款易于操作的多功能协议转换器。它具备配置简便、部署迅速的优点。与市面上同类产品相比，Modbus 服务器是一款独立运行的应用程序，并且适用于不同的硬件平台。不同于某些 Modbus 网关供应商的产品与硬件绑定，Prosys OPC UA Modbus 服务器能够方便地部署在所希望的任何硬件平台之上，价格也更具竞争力。

安全的数据通信

Modbus 作为经过验证的通用现场总线协议，以当前的标准来衡量，它在数据安全性方面存在巨大缺陷。而 OPC UA 则原生地集成了数据安全机制。Prosys OPC UA Modbus 通过将两者有机地结合在一起，使得应用程序很容易就能达到所要求的安全等级。在 Modbus 服务器和 Modbus 设备之间以加密方式仅交换必要的应用程序实例证书，同时用户还可以决定是否在 Discovery 服务器上注册该

Modbus 服务器。

另外借助基于应用程序实例证书的认证机制，甚至可以实现对方法调用的用户认证。用户认证可以通过密码或者证书的方式来实现，同时还可实现针对已建立的会话链接进行实时监控。上述措施都能够有效地提升系统安全性和可靠性。

新的集成方式

由于 OPC UA 作为一项标准通信协议，完全独立于具体的生产厂商，因此这使得 Prosys OPC UA Modbus 服务器能在不同的系统中与来自不同厂商的不同设备无缝集成。

通用功能

Prosys OPC UA Modbus 服务器支持 Modbus TCP 和 Modbus RTU over TCP 两种协议格式，并且同时支持主站和从站模式，这样就可以将整个 Modbus 数据流内嵌至 OPC UA 协议中。如图 4-14 所示，用户可对 Modbus 设备进行完整的配置，比如 IP 地址、IP 端口、单元 ID 以及 Modbus 寄存器空间等。Modbus 服务器还可对寄存器数值进行字节和字转换。

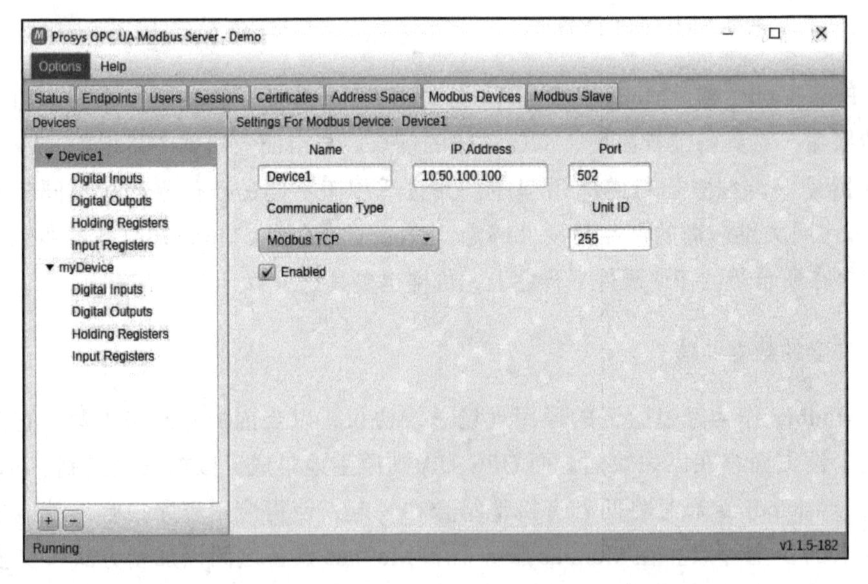

图 4-14 Prosys OPC UA Modbus 服务器配置系统用户界面

由于 OPC UA 服务器的地址空间是基于设备信息模型创建的，因此 OPC UA 客户端应用程序对于信息的访问更加简单有效。另外所有 Modbus 数据类型都映射到恰当的 OPC UA 数据类型，这极大简化了后续的数据交换和处理。目前 OPC UA Modbus 服务器支持的数据类型包括：BIT、INT (Int16)、UINT (UInt16)、DINT (Int32)、UDINT (UInt32) 和 REAL (Float)。

展望

未来应用程序在不同平台上进行部署将会变得更加容易，此外地址空间的设置也将更加灵活。这些技术进步给 Prosys OPC UA Modbus 服务器带来的好处是，可以将 Modbus 及存储添加至元数据中，并在信息模型中对寄存器中进行解析。对于客户端应用程序而言，数据语义更易于理解，而且数据在 OPC UA 世界内也更加透明。

有关 Prosys OPC UA Modbus 服务器的进一步信息以及评估版软件可从下列地址链接获取：https://prosysopc.com/products/opc-ua-modbus-server/。

Prosys 公司是一家有着 15 年历史的 OPC 和 OPC UA 软件产品知名供应商。除了高质量的 OPC/OPC UA 开发包和应用软件，Prosys 公司还向客户提供专业的咨询服务。Prosys OPC 产品保证了基于这些产品开发的系统方案具备面向未来的长久生命力。Prosys 产品都是基于已经验证的前沿技术和开发人员的专业知识进行持续开发的结果，因此能够满足不断出现的新需求。Prosys 产品用户遍布工业、能源以及高科技领域。

有关 Prosys 公司的进一步信息请访问官网 www.prosysopc.com。

小结

只有在技术的学习曲线和入门门槛较低的情况下，开发人员和应用人员才能更快地掌握该项技术。通过 OPC UA 技术的普及，基于 UA 的产品、方案以及完善的辅助开发文档和工具等有助于快速进入商业市场。不管是商业还是开源供应商，都提供了众多的实例代码、应用场景实现以及实用教程，这些都有效降低了宽泛的 OPC UA 标准协议的技术复杂性。

4.3　基于 open62541 的 OPC UA 开源实现

(Julius Pfrommer)

在过去的几年，除了商用开发包，一系列的 OPC UA 开源实现也得到了蓬勃发展。

下面的链接展示了当前知名的 OPC UA 开源项目：https://github.com/open62541/open62541/wiki/List-of-Open-Source-OPC-UA-Implementations。

同时 OPC 基金会也以某个开源许可证方式开放了其支持不同开发语言的通信协议栈参考实现。本节主要介绍使用开源 OPC UA 开发包的优缺点，并尝试阐述具体 OPC UA 开放源码项目 open62541 的设计目标。

4.3.1　开源软件的优势

开源代码始终可获取

OPC 技术自从 20 世纪 90 年代中期发布以来，已有众多的厂家开发以及销售相关的开发包，其中市场普及率最广的为美国马萨诸塞州的 FactorySoft 公司。然而在经历多次的并购、迁址和更名之后，用户再也无法获取 FactorySoft SDK 的任何商业支持。但是在自动化领域，技术方案的生命周期尤其漫长，甚至可达数十年。这时标准的开放源码实现就体现出一定的优势，即源码在多年之后独立于任何的商业变更，始终可以被获取、维护和使用。

加密算法在今后几年有可能取得重大突破，比如 SHA-256 算法的散列碰撞计算方面。而 SHA-256 是 OPC UA 安全策略中用于消息数字签名的一个重要算法。当使用开源 SDK 开放应用程序时，即使多年之后仍然可以对 SDK 进行修订以实现最新的安全策略。而商用 SDK 往往禁止用户修改 SDK，在某些条件下这甚至会导致现有项目花费大量资源切换至更安全的 SDK 上。

可验证的代码质量

以 Linux 创始人 Linus Torvaldo 命名的林纳斯定律（Linus'Law）表示：“只要给予足够多的眼睛，所有问题都将浮现”。开源代码赋予了使用者亲自验证并参与提升代码质量的机会。在过去的几年内已经出现了多个审查源码复杂度和正确度的辅助工具，最近这种工具的数量和质量都有大幅提升，其中常用的知名工具包括以下几下。

- 静态源码分析（比如 Clang Analyzer、Coverity、Frama-C 等）
- 动态源码分析（比如 Valgrind、Sanitizer-Plugins von GCC 和 Clang 等）
- 模糊工具（比如 American Fuzzy Lop）
- 基于单元测试的代码覆盖度测量（比如 gcov）

我们几乎可以肯定商用厂家与开源项目一样依赖这些工具来提升代码质量，但往往只有针对开源项目的代码质量分析结果得以公布。

软件功能定型（feature-complete）

目前一些开源项目的设计目标是成为某种“基础设施”，即成为其他项目的基础组成部分，其中包括标准应用程序（如 MySQL 或者 Apache 网络服务器），也包括一些基础库（比如 Boost C++ 类库或者 GNU C 函数库的 POSIX 实现）。时至今日，没有哪一家汽车制造商能够在不依赖成百上千个开源软件的情况下可以实现自己的车载软件系统。其中许多基础设施的开源项目从内核上来说已经定型。这其实也是大家期望的，否则任何的接口改变都会产生不必要的移植开销。

作为 IEC 62541 国际标准，OPC UA 定义了一项稳定的通信技术。即便随着时间的变化不断有新的功能（比如发布 / 订阅机制等）添加进来，但是作为核心的 OPC UA 服务仍保持不变，以兼容现有的产品与设备。所有实施中的扩展开发首先需要达到中期到功能定型阶段。之后这些开源项目就可以将“模式”切换至设计功能完善阶段。与此相对应，商业公司会不断地开发新的功能以吸引客户不断购买升级版本。这所带来的弊端是，公司缺乏对产品稳定性的专注，而稳定性则是该项技术成为“基础设施技术”的必要前提。

可重现的设计细节

OPC UA 是一个数百页的国际标准，其涵盖范围很广。在 OPC UA 标准的第 1 版中，许多只是简短提及的内容随着时间的流逝得到不断加强与改善，比如 OPC 基金会内部的 Bug 跟踪系统内就存在超过 3500 个报告，其中大部分都是关于 OPC UA 标准本身的。即使是再详细的用户文档也无法详细阐述具体的 OPC UA 实现，但对于一些具有特殊需求的用户而言，这又是极其重要的信息。当开发工作基于开源库时，每个实现细节由于随时可以访问源代码而变得透明并可重现，当然这些源代码是否具有良好的组织性和可读性是一个重要的前提。

研究目的的协议栈修订

在 Google 的学术搜索引擎中输入“ OPC UA 联合架构”可以得到超过 1400 个结果，其中一些工作是关于 OPC UA 技术的性能改善的 [1、2]。此时对于开源软件源代码的访问成为能够实现并验证理论和算法的重要因素。

4.3.2 开源软件的劣势

不具商业支持和质保

一般情况下开源项目不提供任何的支持和质量保证，而这对于商业用户来说往往又是一个重要的前提。但是 openOPC-UA 开源项目却是一个例外，它的开发人员同时提供商业支持。但是此时用户只能有偿获取源代码，尽管它们以开源许可证方式发布。

开放源码有助于发现缺陷

当程序的源代码可公开访问时，查找代码中潜在的安全隐患就变得相对容易。但是这把双刃剑一方面帮助改善程序缺陷，另一方面也提高了软件遭受攻击的概率。至于哪一方面所占比例更大，在很大程度上取决于所使用的开发方法、开发流程和开发工具。从安全的角度来看，有极其成功的开源项目（比如 OpenBSD 操作系统），也存在相对失败的项目（比如备受煎熬的 OpenSSL 加密库）。参考文献 [3] 以数量矩阵的形式展示了更多的细节以及不同的使用场景。

个体需求驱动的开发与维护

开源项目的启动往往是个人或者团体的推动力，而这个推动力往往来自某个未曾实现的特性（feature）或者解决应用中的某个问题。但是另外一方面，开源项目的贡献者对该项目并不承担任何法律责任，由此可能导致项目开发进展缓慢甚至整个项目都被取消。有时尽管项目的源代码始终保持公开，也会发生所谓的“软件锈蚀”（bitrot）问题，比如所使用的函数库或操作系统接口发生改变，或者该项目所使用的编程语言由于扩展而发生变化等。但是随着某个开源项目的用户群不断扩大，出现这种情况的概率也会变得越来越小。

4.3.3 open62541 开源项目的目标

OPC UA 本质上出人意料的简单

许多 OPC UA 开发包的实现动则几万行代码，比如 OPC 基金会的 ANSI C 协议栈仅网络连接部分就使用了 92 000 行代码（2017 年发行版，不包括注释行与空行），假如算上上层的客户端或者服务器部分，代码量则更加壮观。如此巨大的编码工作量再加上几百页的标准文档，OPC UA 给用户留下了一个庞大而复杂的印象。但是对于所支持的特性来说，开发人员又强调 OPC UA 技术是极其简单而且统一的（见参考文献 [4] 中 14.2 节的内容）。

OPC UA 内核其实只定义了一个紧凑的面向对象信息模型的元数据模型（meta-model）、一个用于定义协议消息数据的类型系统（type system），以及一系列由请求（request）与响应（response）消息组成的用于与信息模型交互的服务（service）。open62541 开源项目的目标之一就是重新展示 OPC UA 技术本质上的简洁性，并以示例代码的形式提供给开发人员，其中通信协议栈与在此基础上实现的服务器 SDK 的 C 语言代码量为 12 000 行（不包括自动生成的频繁调用的代码）。OPC UA 最为复杂的服务当属节点管理服务，它可以在运行时动态地修改服务器信息模型。而在 open62541 中，该服务的实现仅使用了 1500 行代码。利用这些代码，用户能够清晰地理解和重现 OPC UA 标准中对应部分的设计原理。

Apache 作业现场（Shopfloor）Web 服务器

在 20 世纪 90 年代，随着 HTML 和 HTTP 的兴起，Apache HTTP 服务器于 1995 年正式发布。尽管一路上伴随着一些商用 HTTP 服务器（比如已经消失的 Netscape 或者仍然提供服务的 Microsoft），Apache 服务器仍日渐流行且很大程度上推动了网络技术的繁荣。

从 OPC UA 技术上，我们可以观察到类似的发展历程。随着 OPC UA 标准的日渐流行，随之而来的就是开源形式的技术实现。而开源实现反过来也推动了 OPC UA 标准进一步向市场推广，因为它大大降低了使用 OPC UA 的技术门槛，尤其是在原型开发阶段。在 open62541 项目开始时，没有哪个开源项目能够承担起类似于 Apache 网络服务器这种角色。而已有的项目受限于所采用的技术仅适用于少数特定的应用场合。在自动控制领域，系统层次结构往往可以分为上下两层，其结合点位于嵌入式系统的对外接口。open62541 项目由此选用 C 语言作为开发语言来在不同操作系统平台之间提供良好的可移植性，并尤其适合资源受限的应用场合。

多核处理器革命的软件准备

截至 20 世纪 90 年代末，对于服务器 / 客户端链接的处理方式始终以线程方式来进行，即每个链接创建一个单独的线程，而依赖于操作系统的多线程机制用来保证对链接和数据交互的并发处理。但这种方式已被证明是对应用进行裁剪的基础性瓶颈（http://www.kegel.com/ c10k.html）。open62541 架构在参考了 NGINX 网络服务器、Redis 数据库以及 node.js 框架的基础上，基于事件（event）进行驱动。当 open62541 的多核处理器支持编译参数打开时，新的事件将分配给一定数量的工作线程，并在这些线程内部独立处理。通过无须互锁（lock-free）的数据结构以及 CPU 原子操作，工作线程能够以非堵塞方式和最高速度来运行。基于同样的代码基础，open62541 适用于从嵌入式单核小型设备至大型的多核服务器设施。由此证明，open62541 的设计架构同样适用于未来有更多处理器的应用场合。自从 CPU 主频再也无法像以前那样大幅提升之后，多核化是目前唯一的系统扩充方案，可以保证同一个信息模型能够包含拥有成百上千个复杂机器和设施的工厂实时数据。

小结

现代互联网技术取得成功的一个重要前提是能够将众多的开放协议（HTTP、HTML、TCP / IP）聚合在一起形成一个稳定的平台。伴随这个前提涌现出了许多相应的开源实现（浏览器、网络服务器、数据库等），这些软件系统构成了当前整个工业界的核心主干。随着 OPC UA 技术的兴起与应用领域的扩展，从而让针对工业数据通信的类似技术聚合成为可能。与当年的网络技术发展相似，如今也出现了一系列 OPC UA 开源实现。这极大地降低了新用户入门的技术门槛，反过来也促进了 OPC UA 技术的进一步推广，以及对 OPC UA 核心技术的更深理解。

Chapter5 第 5 章

OPC UA 应用案例

5.1 Candy Hoover 公司的案例分析

(Nadia Scandelli /Mirco Masa)

本节主要介绍以 OPC UA 为核心的软件分析和解决方案在实际生产过程中的使用情况。此解决方案是由 CERFIEL 公司和 Fraunhofer IOSB 研究所共同开发并在意大利 Candy Hoover 公司结合工业 4.0 实现了实际应用。Candy Hoover 是一家产品多元化的康采恩公司，其主要义务为家电的生产及其研发，具体产品包括洗衣机、洗碗机、烘干机、冰箱、冰柜、火炉和烤箱（内置和独立）。关于 Candy Hoover 公司的具体详情可以访问以下链接 http://www.candy.it。

此工业 4.0 方案的目的是在数字技术、实时数据以及标准化的基础上实现生产及质检过程的最优化。

为了更好地理解生产过程中的需求和复杂性，我们与 Candy Hoover 公司米兰分公司的负责人进行了交谈，由此确定了生产中的关键环节并定义了相应的数字化创新。这些创新对生产线工人、生产组长和工厂负责人的日常工作都将产生显著的影响。由于严重缺乏现场生产线的实时状态信息，因此后续需要花费大量的时间来识别并修复产品质量缺陷。

如图 5-1 所示，该分布式方案针对某条特定生产线进行了裁剪。它包含大量独立的软硬件模块，这些模块之间依据 OPC UA 标准进行数据交换。借助一些数字化工具可以获取与产品质检相关的数据以及识别出产品缺陷。数字化带来的另一个好处是相对于传统的生产质检环节，它将显著降低用于记录数据的纸张消耗。此外，生产组长和部门负责人还掌握了连续的实时生产数据（生产率、良品率等）。

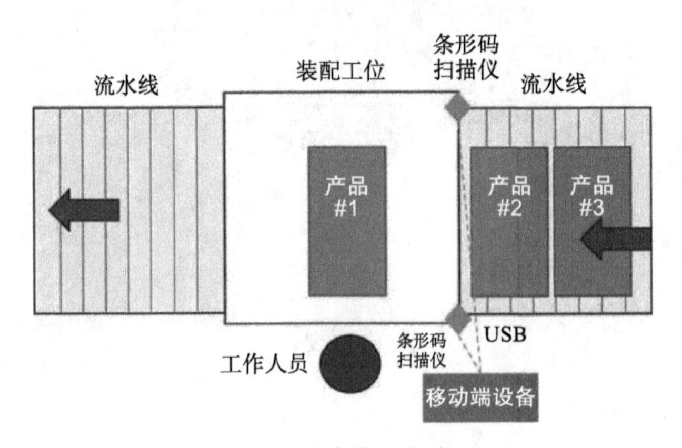

图 5-1　流水线站点分配

生产线的每个工位都配置了 IoT 传感器（条形码扫描仪）和数字平板设备，这些设备首先用于保障生产流程，其次也用于加快产品质量检测及生成产品缺陷报告。另外生产线沿线会根据需要配备大量的显示器和 Mini PC，以便实时监控生产效率和产品质量。生产组长和部门负责人的计算机上都安装了 Dashboard 应用程序，由此他们可以访问整个工厂的实时生产数据和质量数据，并实现对相关数据的评估。中央服务器存储所有来自不同生产模块的数据，并协调各模块之间的数据交换。

图 5-2 展示了整个解决方案架构设计中的重要组件、相应的网络结构布局和升级添加的相关设备。

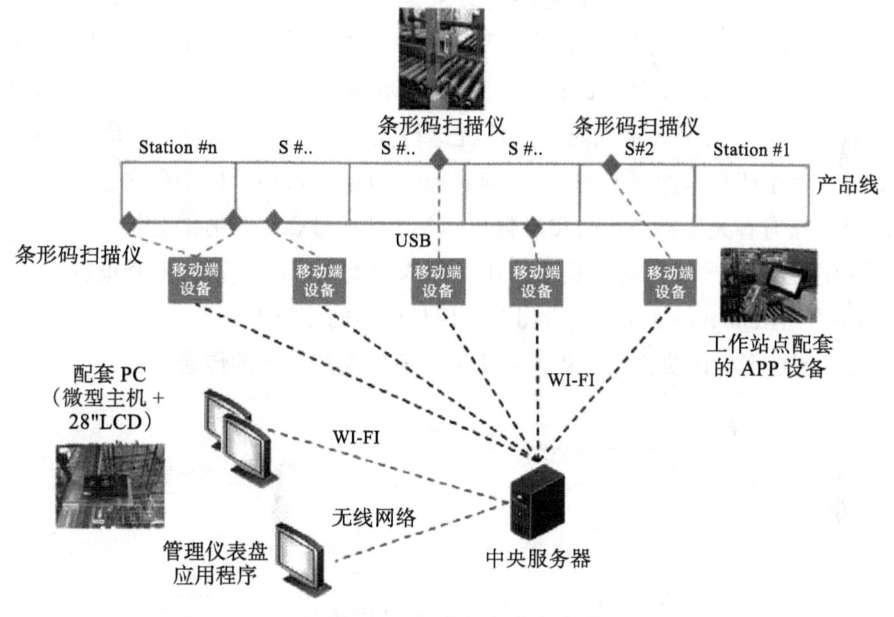

图 5-2　解决方案的各部分

以下文字将更准确地阐明解决方案，包括基础问题描述、为生产和品质管控所开发的功能模块，以及以 OPC UA 为基础的架构设计。另外我们将审视 OPC UA 协议的使用以及所产生的相关结果。

5.1.1　生产场景

Candy Hoover 与客户紧密合作，针对生产管理解决方案共同草拟了需求书，其中包括提供并收集装配中产品的实时数据；整理收集整个生产状态并汇总相关信息，其中包括每天的产量、以小时计的生产率等指标，以及生成和存储每天的生产报告。

而在此之前会先进行可行性评估，包括生产中的各种限制条件以及客户对于生产流程的需求。据此产生的评估结果将确定是否对特定的工位配备额外的平板设备和条形码扫描仪。

除此以外，还将开发一款Windows应用程序“Worker Station App”并安装在所有的上述平板设备中。此软件可以在生产过程的各个站点中搭配条形码扫描仪以读取当前产品代码，从中央服务器处获取该产品的信息，并提供给相关工作人员所有必需的生产信息，以有效提高生产效率以及避免生产组装过程中的失误。

每个工位上通过“Worker Station App”收集的数据将发送给中央服务器保存，并交由后端系统来处理。该后台程序连续采集和分析所有数据，并在此基础上生成各种生产指标，比如分别以小时和天计的生产数量等。作为辅助工具，Candy Hoover还开发了一款名为“Line Production Monitor”的Daschboard应用程序，通过该软件，生产负责人可以对生产流程进行实时监控，辨识出一些潜在的突发情况。另外为生产管理而开发的“Management Daschboard”应用程序还会为工厂管理者提供任何有关生产指标的实时数据，并对历史数据进行有效分析。

所有的生产数据都在晚间汇总，并在此基础上生成电子版的生产报告。部门负责人通过“Management Dashboard”应用程序访问该报告。

图5-3展示了该解决方案中生产数据流在不同系统之间的传递。

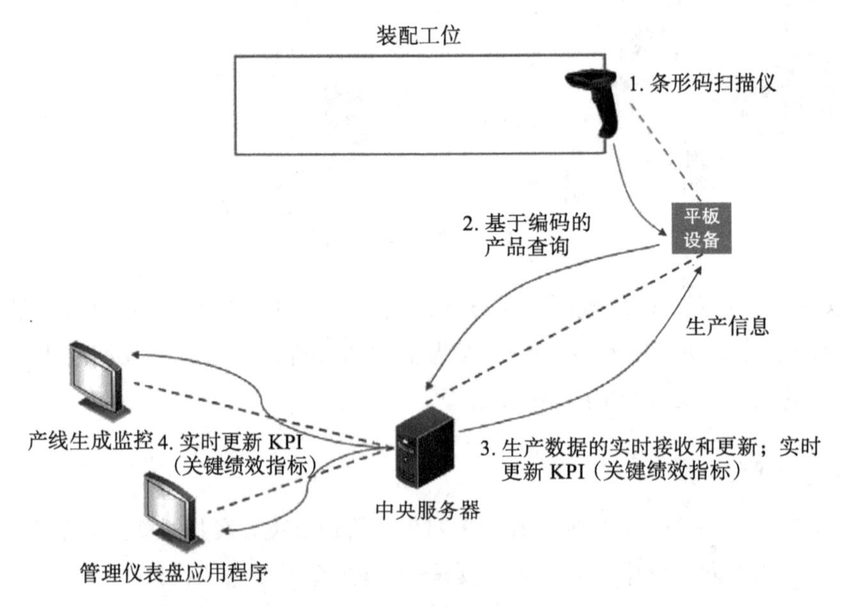

图5-3 相关数据在生产过程中的流动方式

5.1.2 品质控制场景

对于包含手工装配的产线而言，解决方案应提供生产过程的数字化追踪、管理，以及对产品质量缺陷的全自动监控。此外，还应对生产过程中的质量指标（比如良品率等）进行实时的计算并提供给相关人员。

作为整个解决方案有机组成部分的平板应用程序“ Worker Station”软件可以展示与产品相关的所有数据，并对所有生产阶段中针对该产品检测到的品质缺陷生成相关报告，此外还可提供在特定工位上检测到质量问题的所有产品列表。

在此方案中，有关产品质量缺陷的状态和代码数据会得到有效的管理和更新。中央服务器从每个工位获取所有的质量数据，进行连续分析并更新质量管理指标数据，这些数据将通过 Dashboard 应用程序实时反馈给管理层和生产组长。另外中央服务器将每天自动生成该产线整体的质量报告。

当在生产过程中发现新的产品缺陷和出现紧急状态时，系统将快速识别并给出相关警报。由此生产线上的工作人员可以对相关情况进行一定程度的预判，并对此快速做出反应。最终目的是不断减少产品的缺陷和降低产品缺陷对整个生产过程的影响。通过这种数字化方式，用户还可大大降低纸张消耗，同时提高数据的质量和准确性。

图 5-4 展示了在整个方案过程中关于产品质量数据的交换方式。

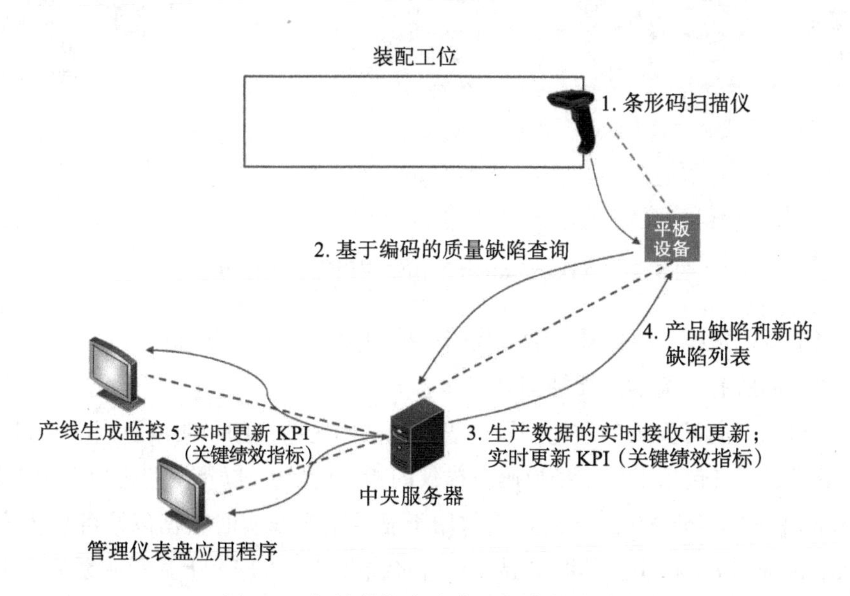

图 5-4 相关数据在生产过程中的流动方式

5.1.3　应用程序说明

除了后台服务器程序，整个解决方案中还包括三款不同的应用程序。每一款程序都为使用者提供了不同的功能，并可由系统管理员进行配置。根据不同的终端使用者和应用场合，管理员可以激活、限制甚至关闭某项特定功能或者权限。

“Worker Station”是一款应用于 Windows 8.1 的平板应用程序。此软件平台可以给位于每个工位的生产线工人提供当前产品的所有数据，以及该产品在生产过程中所发现的所有问题列表。另外产线工人可在动态列表中选择更多的质量缺陷并分配给该产品。拥有权限的特定用户借助“Worker Station”应用程序还可对产品质检状态进行修订，并在产品最终离开流水线时将其状态标注为“制造完毕”。

在图 5-5 所示的 GUI 中展示如下具体内容。

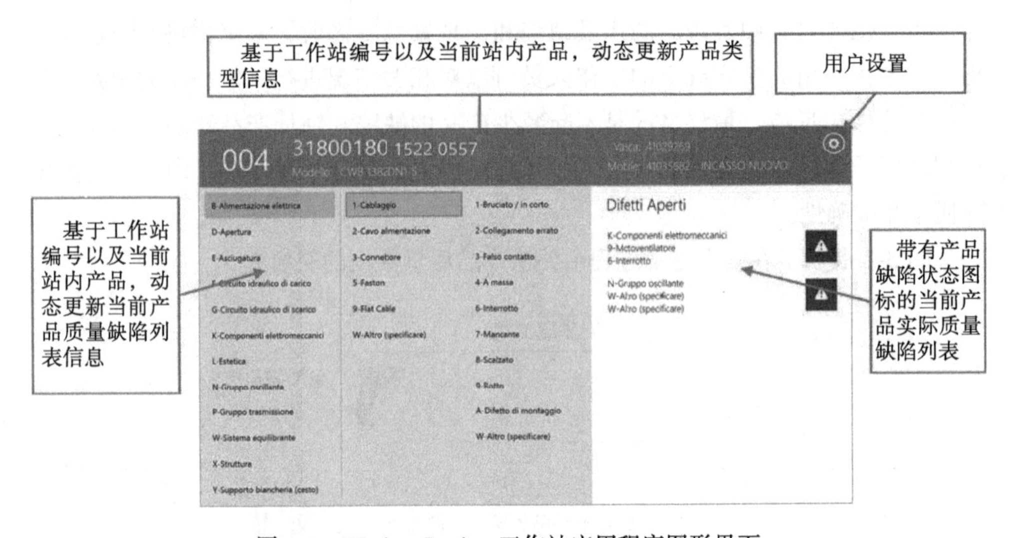

图 5-5　Worker Station 工作站应用程序图形界面

- 当前生产数据（序列号、型号代码、外观类型、滚筒类型）
- 该产品所有可能的品质缺陷列表
- 针对该产品已发现的质检问题列表，包括问题的详细说明以及当前状态
- 软件设置（包括工位或条形码扫描仪的相关设置），以及一些用户登录信息

“Line Production Monitor”是一款用于显示生产线实时数据以及各项生产指标的 Dashboard 应用程序。其图形界面在流水线沿线的大屏幕上显示一系列预定义的关键生产指标，并在危急状态下触发警告信号。此软件主要使用者为生产组长，

用于监控各个生产流程，并对不同情况做出快速反应和决策，以此来降低每天的生产错误。图 5-6 展示的该软件的 GUI 包含的数据。

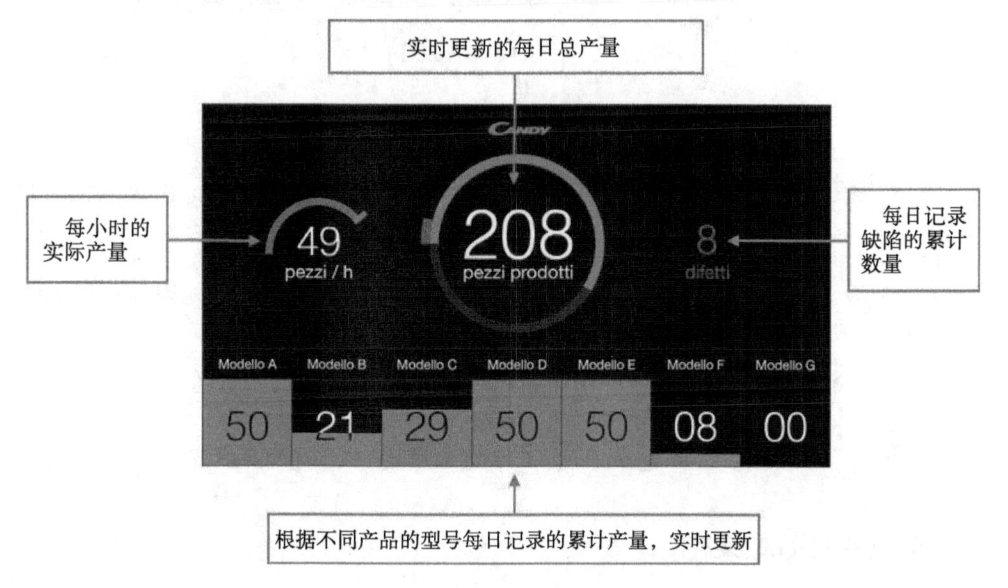

图 5-6　Line Monitor 软件的 GUI

- 实时更新的每日总产量
- 实时更新的每小时生产效率
- 每天在生产过程中发现的问题数量
- 每天具体生产的数目，根据生产产品的不同型号进行实时更新

图 5-7 展示了 Management Dashboard 应用程序，它能够为企业管理人员（企业管理者、生产管理者和质检团队）提供全面而且连续的数据。基于主要的生产指标，这些数据将以图表形式快速提供有关生产品质的概要说明。通过此软件平台可以对整个生产数据和历史品质管理数据进行分析，或者展示某条特定产线每日的生产情况和品质管理报告。

该软件平台涵盖了众多的领域，而这些领域主要提供下列数据。

- 每天的生产数据
- 基于需求的历史生产数据
- 基于需求的历史品质管理数据
- 各类相关的报告

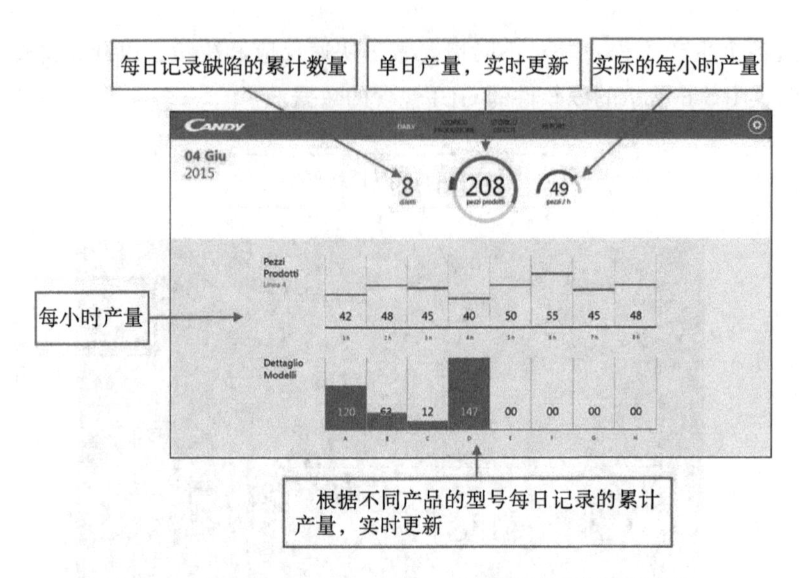

图 5-7　Management Dashboard 应用程序图形用户界面

5.1.4　OPC UA 架构

作为该方案基础的 OPC UA 技术标准主要解决了两个问题：统一了基于不同通信协议的不同设备之间的数据流，确定了不同组件之间数据交换的服务和数据模型。而 OPC UA 定制化的信息模型由于在服务器层面采用基于语义的表述方式，从而能够满足上述需求并且保证系统的可裁剪性。OPC UA 协议还支持节点之间安全和双向的数据交互。

这些方法可以满足系统设计中最早提出的下列需求。

- 等效性：OPC UA 方案应首先实现 Candy Hoover 公司之前所采用 DCOM OPC 标准时所实现的所有功能
- 平台独立性：从嵌入式控制系统直至基于云端的基础设施
- 安全性：加密、身份验证、审核
- 可扩展性：在不影响现有系统的前提下可以不断嵌入新的功能模块
- 综合数据建模：复杂数据的可定义性

图 5-8 展示了根据这些需求所设计的软件架构，包括多台用于采集和提供数据的 OPC UA 服务器以及一台用于整合这些服务器的中央 OPC UA 服务器，该服务器负责处理所采集的数据并提供给可视化 OPC UA 客户端。同时设计人员在开发过程中使用了不同的 OPC UA 客户端，这保证了未来系统扩展时所必备的灵活性。

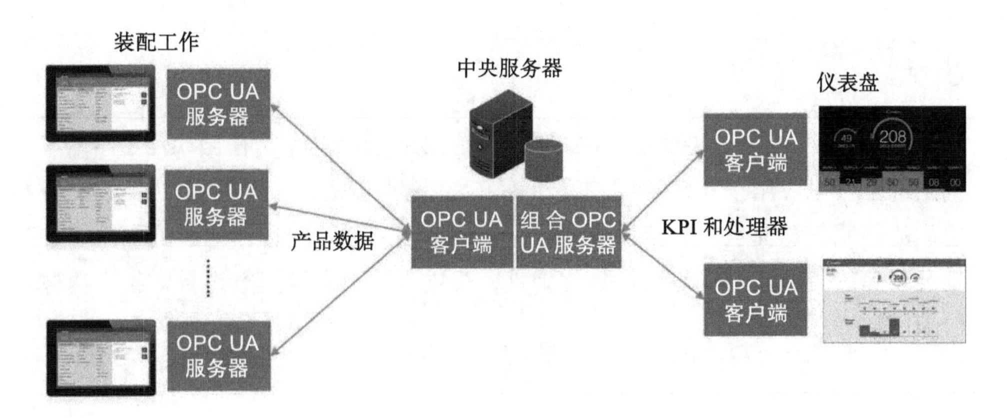

图 5-8 用例中的 OPC UA 的架构

此方案是基于以下 SDK 进行开发的。

- Unified Automation C++ OPC UA Server-SDK
- Prosys Java-OPC UA Client-SDK

5.1.5 OPC UA 的使用和展望

基于 OPC UA 基础的解决方案在 Candy Hoover 公司进行了长达数月的测试、验证和调整。在此期间，OPC UA 技术的应用及其优势也在不断地进行同步评估。

OPC UA 是一种标准化协议，这意味着它在不同系统平台上进行数据交换过程时可以实现安全性、兼容性和可靠性。其数据交互方式与各平台所使用的程序编写语言无关。在方案开始实施阶段，因为缺乏支持其他移动 OS（比如 Android 和 iOS）的系统组件，开发人员只能使用 Windows 平板设备。这种限制已经随着时间获得了极大的改善。

在 OPC UA 的基础上，每个已授权的节点可随时对数据进行低延迟访问。这一点在数据传输过程中对实时性要求极高的工业应用中尤其重要。

在基于用户案例需求的基础上，我们还定义了一个灵活的信息模型，其允许在后续开发阶段对自身进行几乎不受限制的扩展和修正。该信息模型仅定义于服务器端，但对服务器数据库中的数据组织形式没有任何影响。在该信息模型中，用户还可自定义用于触发事件（event）的警报（alarm）和状态（state）。在设计 Candy Hoover 公司的方案时，尚无对云的良好支持，因此必须在现场配置一台服务器。如今这种需求随着云技术的发展而得到了改变。

小结

OPC UA 作为一种在生产领域内统一的软件解决方案，在自动化金字塔不同层面上，可应用于完全不同的设备（输入 / 输出设备、移动端和站点设备等）之间的不同信息交互（来自生产过程中的信息以及被处理和评估过的信息等）。借助现有的工具、开发包以及软件组件，开发人员可以快速推进针对某个具体应用场景的方案设计。

5.2 福伊特公司——用户角度的 OPC UA

(Daniel Pagnozzi)

5.2.1 引言

根据定义，生产基地的目标在于通过高效生产来提高利润，在过往的理论和生产中已开发了很多流程模型和方法来达成这个目标。公司管理者的任务就是在全球范围内实践这些流程模型和方法来确保公司的成功。基本上，Q-K-L 三角模型（质量 - 成本 - 性能为三角模型及三角间的相互作用）的核心任务为：提高生产率，减少错误和降低成本。

通过上文简要描述的流程，我们可以深入了解公司的企业文化，并且简单理解生产组织和信息技术（IT）这两个主题。自从流程系统与信息系统结合以来（例如 ERP 系统（企业资源规划系统）、MES 生产系统（制造执行系统 - 由计算机辅助的生产规划和生产控制调整系统），以及 CAQ 系统（计算机辅助质量管理系统）），生产执行间的区别和（更重要的）企业文化间的区别变得日趋显著。经验表明，最大的壕沟在于实际操作层面的目标和措施，以及基于 IT 的系统可能性和解决方案之间。然而，在本节案例中，不对这些方法做进一步讨论。但是，它们有助于理解从用户角度描述的经验报告，并更好地了解与此相关的决策流程。

成功的一个重要步骤是正确地管理和控制方法。由此，众多企业参照业界标杆丰田公司，通过大量的研讨会等措施，尝试部署全局的精益管理方法。通过对技术领导者的确定，以及对相关技术知识和资源有组织的收集和转移，可以提高企业的长期竞争力。除此以外，提高竞争力的措施还包括采用指标评价体系，制订投资和成本控制计划以及不断地寻找可改善的新领域。但是所有这些项目都有一个共同点：用于做出经济或战略决策的信息收集过程经常被证明是非常困难的，并且对时间和资源的消耗极大。尤其是涉及生产过程和生产设备的信息采集时，过程更加困难。有的时候，整个决策是在包含大量假设条件的基础上做出的。这也是为什么在过去始终没有出现相应的技术或者 IT 方案，以便能够在可接受的时间和开销范围内，以合理的方式来采集所需的信息。然而矛盾之处在于，尽管现有条件已经受到了很大限制，对于通过 IT 系统的支持所获取的上述问题的解决方案和可能性，人们仍然没有给予足够的重视。IT 系统经常被认为是生产制造环境中的异类，导致了额外的成本，并使得制造过程更加复杂却没有带来显著的收益。下面列出了导致这种现象的各种因素，并对其进行了大致的分类。

- 员工和管理人员缺乏对该领域的专业技术培训。在许多情况下，这些与现代生产相关的 IT 系统的能力未被熟知，从而无法对决策过程产生有效影响。
- 类似生产制造过程这样的领域，至今都没有被认为是一个需要 IT 核心系统和功能支持的战略领域。大多数制造企业都没有可持续的 IT 系统集成理念，管理层对此也没有预期或期望。
- 由于缺乏需求，制造商和相关的技术咨询公司对此课题尚未有深入的研究。这造成了传统解决方案仍然是一个优先选项。

5.2.2　工业 4.0 项目的企业内部挑战

2015 年年中，位于 Garching 的福伊特复合材料公司（公司简介：名为 Voith Composites GmbH & Co. KG，网址为 http://voith.com/ composites-de）的管理层启动了一个工业 4.0 项目，该项目作为一个重要汽车项目的一部分，目的是将工业 4.0 方法应用于碳纤维的生产过程，并在项目实施过程中揭示工业 4.0 所带来的各种新机会。

福伊特复合材料公司（Die Voith Composites GmbH & Co. KG）

凭借在纤维复合材料技术方面拥有的 20 多年的经验，福伊特公司使得高性能部件能够实现工业化生产，从而显著缩短了制造过程。基于“纤维直至组件”的策略，可以去除生产过程中昂贵的半成品，这就大大减少了工艺周期和生产成本。此外，在“碳纤维生产 4.0”（carbon production 4.0）原则的指导下，生产过程实现了完全的数字化和网络化。通过这项技术以及独特的碳纤维增强塑料（CFK）和相关机械工程的专业知识，福伊特复合材料公司实现了单件、小批量以及定制化大批量的生产管理。该公司多元化的服务组合（如设计、计算 / 仿真、样品 / 原型设计和质量检测等），能够在整个产品的开发过程中为客户提供广泛的支持，其市场主要集中在能源、石油和天然气、纸张、运输和汽车工业等。

项目构想

上述项目的主要目的是给位于慕尼黑 Garching 地区福伊特复合材料公司的碳纤维复合材料产品提供全新的批量生产方案，并展示工业制造过程中的重要里程碑。随着工业 4.0 的出现，人们很快发现数字技术驱动的发展将对现有的商业模式产生重大影响。福伊特公司已经认识到，未来成功的企业必须能够提供自己的数字服务产品，尤其是网络化产品，从而在数字化模式下参与价值链的潜力开发。但是，对数字技术及相关技术的深入了解，是成功挖掘这种潜力的重要前提。

考虑到当前数字转型的趋势，福伊特公司希望能够建立一个真实的环境以收集第一手的信息与经验。这种强烈的意愿导致了在这条新的产线上实现工业 4.0 智能制造的战略决策。通过这种方式，可以为进一步的决策和发展创造一个坚实的基础。整个项目的关键要素是在项目开始和实施过程中，探索各种技术的可能性和可能的替代方案，以及它们在概念、系统和组织方面的作用。

最终来自 Garching 工厂的实验结果提供给了集团总部，并由总部经过分析、标准化后最终作为解决方案提供给所有参与者。与此同时，集团总部对应用和解决方案实际运行所需的资源，进行了战略性的构建。

福伊特集团 Garching 工厂

综合下列战略因素，慕尼黑附近的 Garching 被选为工厂的所在地。

- 该工厂的基础设施建设不受限制
- 该工厂无已处于运行状态的 IT 系统
- 拥有具有丰富研究开发和项目管理经验的员工
- 拥有大量专业 IT 和自动化专家
- 存在大量的高等院校和研究所
- 附近集中了大量创新型初创公司

之前的内容提到的一大要点是，实验工厂的组织结构是该项目成功的重要保证。Garching 工厂具备典型初创企业的特点，所有员工都习惯在与项目相关的几个小型团队中高效工作。同时，项目成功的另一个至关重要的方面是，对创新所持有的开放态度，并在日常工作中将这种开放的态度贯彻至实际操作中。由于福伊特复合材料公司的高层对该项目的参与意愿以及持续关注，确保了项目进度的有组织的快速推进。此外，对此需求的深刻理解比如理解碳纤维生产中所面临的工艺和技术挑战同样有助于项目实施。

除此之外，Garching 工厂的试点特征能够让相关人员迅速做出决策，以及根据需要去不断适应新的发展。所采用的“快速失败”（fail fast）原则是在许多领域内进行项目进展量化评估的基本先决条件之一。另外，许多解决方案和方法最初都在实验室中进行尝试，之后随着项目期间出现的新需求而得到不断修正并部署。对于垂直整合而言，项目人员保持不断“更新”（update）的思维方式，也对项目的成功至关重要。

选择合作伙伴

选址需要考虑的另一个重要因素是当地能否有提供专业人员和技术支持的高等院校和研究机构，他们可以作为顾问提供相关的技术支持。专业人才以及院校和研究机构在工厂附近的高度集中对该项目的开发和进度保证都产生了非常积极的影响。

该项目决定使用 OPC UA 作为标准通信平台。该项目中的一项重要任务是对代表不同领域体系的工作组进行支持和协调，其具体任务包括对来自机械制造、自动化和 IT，以及生产过程和相关领域的专业人员进行相互联系和配合。根据以往的经验，在执行与 OPC UA 有关的工作中需要相关人员拥有在控制系统的编程能力和自动化领域的特定知识，因为这是构建设备互连的基础。

在此基础上，要求各个供应商必须参与到项目工作中，并在专业人士的帮助下具有一定能力，对其提供的设备进行一定形式的调整，以便能够完全融入通信网络设计方案中。当上述供应商的融入方案出于某些原因失败后，应该选择其他供应商为项目提供的替代方案。在编程、系统规划以及机械领域拥有丰富经验的合作伙伴，可以帮助我们在 IT 和来自设备供应商的要求之间找到共同点。另外重要的是，通过独立研究机构（例如 Fraunhofer IOSB 研究所）的支持可以帮助他们创建一个建立在科学研究和经济性相关因素基础上的可持续性理念。IOSB 研究所能够在概念创建和供应商技术咨询方面提供相关支持。

项目开发方法

该项目一开始采用了经典的瀑布模型（waterfall model）方法，接着组建团队和对工作内容（以下简称“工作包”）进行定义，这包括了时间表、启动会议、JourFix、定期例会、成本分析和完全集成的项目控制。

然而，在项目的前两个阶段，该项目方法展现了明显的不足。在处理独立工作包的过程中，它无法实现必要的横向和纵向网络连接。其原因在于此项目本身过于新颖，方法比较复杂，在许多情况下尚无经过验证的理念（proof of concept），同时解决方案本身仍处于发展和不断变化的阶段。此外，许多制造商没有实现之前对产品提出的承诺，例如我们所提到的 OPC UA 服务器的实现。结果导致对项目参与者的协调以及对过程的监测变得非常复杂和困难，这是因为对同一个问题无法提供统一的解决方案。

出于以上原因，在项目中引入了敏捷项目管理方法（SCRUM）。该方法在引入初期经历了一段困难时期，主要是因为第三方合作伙伴仍在使用传统的瀑布模型，而对敏捷开发模式缺乏经验。在项目的各个实施阶段，由于各小组尚未完全掌握敏捷开发模式，从而出现了一些问题，然而，这在短时间内就得到了显著的改善。各参与方之间的交流更加顺畅，工作进展已获得了良好的协调。开发过程更加贴合客户意愿，并且可以更快地展现结果。

5.2.3 基于 OPC UA 的工厂互联

根据以上内容可以得知，福伊特集团的目的是实现工业 4.0 在生产中应用的可能性以及对此进行前期的经验收集。因此，其中一项任务是为上述 IT 网络环境（例如制造服务总线和 MES）与工厂以及相关生产组件（包括传感器、扫描仪、打印机等）的垂直互联提供解决方案。为了定义可持续发展的概念，首先需要确立愿景。该愿景是与 Fraunhofer IOSB 和 IWU 等机构共同开发的，还包括来自工业和 IT 领域的供应商和合作伙伴。另外我们还很快发现，这其中一个重要任务是实现设备的 IP 功能与语义联网能力。

OPC UA 作为 M2M 设备通信协议

在 2015 年的汉诺威工业博览会中展示了大量面向未来的协议和方法，以实现系统中设备的互联。对技术和连接方式进行选择的前提是，我们应尽可能实现开放的现代标准来支持工业 4.0 原则的实现。该 M2M 通信不仅能够传输数据，还能够描述语义。从可裁剪设备网络的角度来看，能够以机器可以理解的协议传输设备参数、测量值，甚至受控变量值，如今看来选择 OPC UA 是一个极其正确的决定。

基于 OPC UA 的自动化概念

在车间，ERP 和 MES 之间引入 OPC UA 接口作为通信基础，这对大多数供应商提出了一项新的任务。另外，由于供应商的业务模型专注于提供信息以及将设备连接到控制单元或 MES 作为附加服务，因此它无法完全理解机器和设备自我描述这个概念。为了控制项目的复杂程度，在 Garching 试点项目中规划了两个阶段来实现工厂之间的网络连接。在第一步中，机器的“自我描述”以简化形式实施，并专注于工厂的静态信息，然后在 MES 和 CAQ 系统之间首先进行小范围的信息交换来进行生产控制。在接下来的步骤中，机器应该进行完整的“自我描述”并在实时信息的基础上进行自我控制。与上述内容相关的工业 4.0 关键词包括“PLUGandWORK”和“信息物理系统”(Cyber Physical System，CPS)。

出于以上原因我们将定义两个“工作包”，其中一个涉及上述所提到的工厂互连，另一个涉及信息上的语义学推导。这两个“工作包”在内容上是相关联的，并且在直接交互的过程中相互影响。第一个工作包的目的是找到技术解决方案，以便使工厂 IT 系统的信息交流得以标准化，从而实现工业 4.0 原则。第二个工作包的目的是开发数据结构和制订语义解决方案，并与相关的制造商同步实施。

网络连接的标准化

在以工作包为基础的框架下我们定义了工作流程，它使得需要改造的设备拥有 IP 通信能力并且可以引入 OPC UA 作为标准的通信协议。该流程的内容如下概述（见图 5-9）。

- 分析与需求
- 完善需求书与工装设备准则
- 需求书审核及供应商评估
- 迁移与供应商资质认定

经过上述流程可以产生以下 3 种场景。每个公司都可从中挑选并进行调整，从而结合自身 IT 系统提出配套的解决方案（见图 5-10）：

阶段	流程	结果
1 分析与需求	• 基于 VDI-VDE 3694 的列表清单处理。该清单主要从横 / 纵两个通信方向进行需求书的 GAP 分析 • 针对需求书的讨论，展示必要性 • 如何在现场级实现工业 4.0 通信理念	• 需求书分析清单 • 衍生的谈判需求 • 通信协议的概念设计
2 完善需求书与工装设备准则	• 扩展现有工装设备准则，以适应工业 4.0 环境下新的特性和技术 • 扩展需求书以包含新的研发成果（通信理念、RFID 等）	• 完善的 VOITH VOC 工装设备准则 • 完善并通过审核的需求书
3 需求书审核及供应商评估	• 在垂直与横向联网的语境中审核报价与规格书 • 比如以联网的程度将不同供应商根据预定义级别重新归类	• 由此衍生而来的针对每个供应商的谈判需求 • 生成面向第三方的任务改变
4 迁移与供应商资质认定	• 定义行动手册，包括工厂 / 设备移植潜在供应商和成本预估 • 联合研讨会，主要讨论如何达成目标，以及奠定实现用户故事的基础平台	• 工业 4.0 语境下迁移战略所需措施的类别 • 统一的通信协议以及供应商接口

图 5-9　供应商能力评估流程

1. 模块化 PLC 作为移植方案

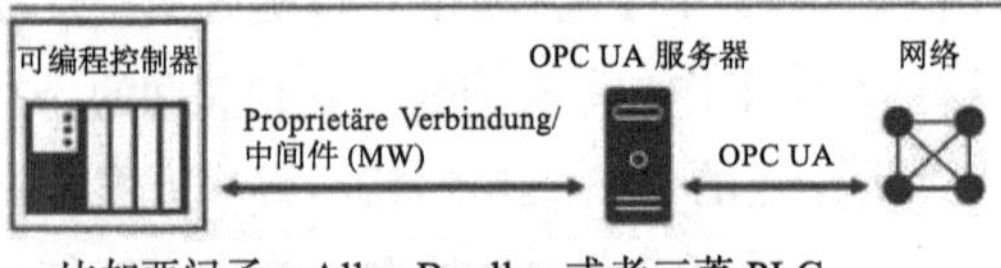

比如西门子、Allen Bradley 或者三菱 PLC

移植策略：S5/S7 控制器可被具备更多以太网接口的新控制器型号替换

优点
- 成本更低的可选项
- 附加组件风险更低
- 集成与移植风险更低

缺点
1. 额外开销
2. 编程
3. 额外的硬件开销
4. 验证

2. 软可编程控制器

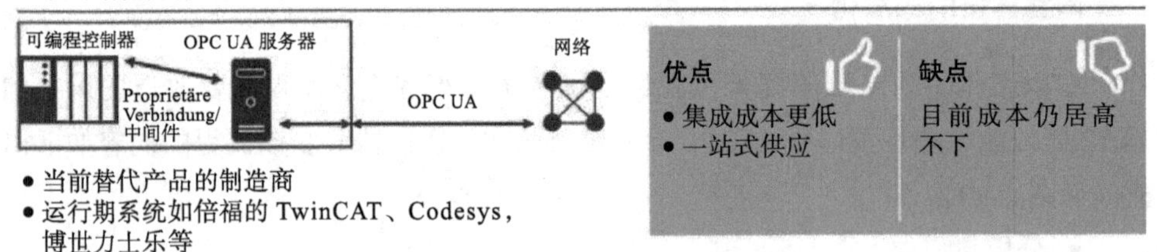

- 当前替代产品的制造商
- 运行期系统如倍福的 TwinCAT、Codesys，博世力士乐等

图 5-10　OPC UA 服务器的集成形式

- 集成型 OPC UA 服务器。基于市面上已有资源，由设备供应商提供的标准类型的集成型服务器。
- 作为硬件解决方案的外部型 OPC UA 服务器。它是在工厂或者设备上附加的硬件设备，对此可能需要修改控制器中的逻辑或者数据功能块。

- 由第三方提供的 OPC UA 服务器。它由设备供应商安装在设备中以供使用。

简而言之，最大的问题在于寻找合适的解决方案。当今市场上存在着许多解决方案，它们在不同的领域有着各自的优缺点，同时在具体的使用过程中都有着各自的问题。另外每个制造商对于 OPC UA 标准的实现也不尽相同，因此这需要我们在细节上时刻关注制造商对解决方案的实施，同时在必要情况下对其进行调整。对于类似的项目，与制造商保持密切的沟通至关重要。在项目推进过程中，我们发现通过外部第三方产品来互联是一种值得推荐的方式，主要是因为设备的连接涉及许多特殊技术和相对应的需求，然而当前生产设备的制造商大多数情况下很难满足这些需求。这里我们强烈建议应尽早熟悉项目需求并挑选一两家供应商。此类解决方案包括 Fraunhofer IOSB 研究所研发的《 PLUGandWORK Cube 》(参考 5.4 节)。另外我们将始终使用快速失败原则。由于存在多种技术实现的可能性，因此在项目早期就要安装每个制造商的设备并进行集成测试，以降低风险。

数据管理和语义

在这个工作包中我们要实现两个目标。一个是根据垂直的信息交换模式来定义整个生产的信息模型。另一个是可开发在机器和 MES 交换过程中的 Voith 的 AutomationML 库，最终实现由 AutomationML 模型向 OPC UA 的转换。

第一步创建一个数据模型。首先我们在 Key-Note 和 SCRUM 研讨中确定了来自不同工厂 / 领域的要求。其次很重要的是，我们应将来自这些领域的知识整合到项目中。因此将产生一个数据模型，其中包含开发、质量、生产和控制的要求，所涉及的知识领域包括几何学、运动学和逻辑学。我们会把所生成的模型和 VDI5600-3[VDI 5600-3] 的标准进行比较，然后以此为基础创建一个语义库。上述所涉及的内容会在与供应商的定期会议中被讨论和调整，并最终通过并投入使用。

在此基础上我们与 Fraunhofer IOSB 研究所合作共同开发了 Voith-AutomationML 库，该库描述了在生产环节中具有 IP 功能组件的统一语义结构。该模型从一开始就被假设为可用于所有的制造商，无论是设备和机器的制造商，还是 MES 和 CAQ 的制造商，他们因此都无须进行烦琐的 IT 集成工作。我们最初的目标是建立一个开放、独立、基于 XML 格式的模型以用于设备间的数据交换，并能为工厂提供统一的设备描述语言，利用它可以实现在系统、网络和设备之间的互通性。

然而在此项目中，现阶段只有一个制造商可以将上述通信结构模型集成到其所提供的接口规范中。随着制造服务总线（manufacturing service bus）的发展，使用 AutomationML 进行对象描述能让使用层面上的好处得以不断显现。通过 Soffico 公司的 Orchestra 系统可以创建某种解决方案，其中包括一个高效的在垂直和水平方向上进行交流的通信数据中心，这时无须深入地 IT 理解即可运行。该供应商正在与 Voith 公司一起在集成软件中开发 AutomationML 通道，使“PLUGandWORK”实施成为现实。

总而言之，我们现今遇到的最大挑战之一为：纯理论的数据模型概念不具备现实可行性。只有在合适的实验条件下，我们才可能开发和实现一个有意义的数据模型，其满足 IT 层面的数据可用性、完整性、安全性和实时性的要求。这些解决方案的成功构建在于，理解和协调 IT 和机械设计之间数据处理的不同方法，并最终找到有意义的、可操作的解决方案。然而在机械设计方面，任何修改都受到很大的限制，并且相关的成本居高不下，因此这要求我们在实验室阶段进行不断的测试，并同时组建一个由 IT 专业技术人员组成的特殊团队，从而提供多方面的帮助。另外，对于 AutomationML 这项技术来说，未来是否会全面地被使用尚不明确。我们需要对此保持关注，并且与合作伙伴和供应商达成共识。

小结

过去的组织、流程和项目模型不再适用于当今快速变化的工业 4.0 环境。造成这些巨大变化的原因主要来自外部、传统意义上与行业或产品无关的参与者。这同样会导致在当今环境下新技术（例如 OPC UA 和 AutomationML）的投入使用。

虽然某个大型 IT 组织可以支持并且有足够的资源来进行此主题领域的研究工作，但其往往过于庞大和低效，需要很长时间才能改变自身运营的方向。而在小型高效试点工厂和试点项目中所呈现的解决方案，对于大型康采恩公司解决此类问题提供了一个启发。如今，包含创造性技术和高科技的工作需要一个灵活的团队组织，能够快速适应外在变化以及知识的迭代更新。对于当今的智能制造所提出的要求是并不存在任何已经过验证的概念（proof of concept），这些需求的实现与“快速失败”和“更新”思维方式紧密相关。后者描述了对产品及其发展的基本态度。德国的企业对于解决方案开发的一大重要准则是对“误差的零容忍”。因此往往创建的是长期项目，其目的是为了排除风险，保证投资的高安全性。“更新”策略则是快速将产品推向市场，并在短时间内不断调整或扩展功能和客户利益，以满足客户的需求。此外，对于大型组织而言，心态上往往缺乏创新的动力。员工虽然有很强的责任心，但对新事物的尝试缺乏兴趣和动力。此类德国企业的文化如今反而对其声誉造成了一定损失，而公司员工则应避免陷入这种困境。

另外值得关注的要点包括：通过使用敏捷的项目管理方法，可以实现在生产环境中对 OPC UA 和 AutomationML 解决方案的成功实施。传统的项目方法往往无法获得项目的动态情况，并且在进行必要调整的方面缺乏灵活性，项目可能存在失败的风险。

另外建立基于需求的个人深度合作伙伴关系也很重要。

从该项目中所获取的“经验教训”表明，虽然许多供应商正在使用工业 4.0 架构的主题，但他们自己通常并不知道背后隐藏的技术细节。由于供应商的思维和想法隐藏于工业 4.0 原则的背后，并未完全渗透到组织中，因此有时会出现奇怪和难以理解的情况。虽然决策层面上的人员有着对工业 4.0 原则的愿景和目标，但在实际操作时，他们的想法可能无法实现。某种程度上我们还没有准备好接受由新概念带来的风险，甚至不了解其带来的需求或者必要性。在此我们需要特别关注的是，如何在发展、愿景和实践之间取得平衡。此时就需要敏捷的项目管理方法。

总体而言，OPC UA 为该项目所有的“使用案例”(use case) 构建了基础，并为进一步开发进行了铺垫。利用这项技术，可以在垂直和水平方向上对工厂、设备、传感器和 IT 系统进行网络连接。由于开源性质的特点，OPC UA 在设备制造商和软件供应商中迅速普及。OPC UA 提供了一个理想的平台，使其可以在生产环节中以合理的性价比实施工业 4.0 原则。由于其宽泛的技术规的格和简单的结构，OPC UA 可以快速集成到 IT 组织系统中，并具有可靠结构和机制来满足 IT 对安全性、互操作性、完整性和实时性的要求。OPC UA 已经被证明是非常有效的，特别是在使用制造服务总线连接时，因为通用语义形式可以使所有用户的数据集成模式得到简化。

5.3 Festo 控制器与 OPC UA 功能

(Martin Plank / Dr. Andreas Gössling)

OPC UA 的使用实现了设备和系统的联网，从而成为自动化方案的一部分，这也为集成和标准化网络以及简化生产和设备数据提供了新的可能性。对于现有系统，OPC UA 仍具备较少的实用性，因此需要更换硬件设备。除此以外，在某些情况下还可以通过固件升级来实现 OPC UA 的功能。本节将使用来自 Festo AG & Co. KG 的实际案例对上述情况进行介绍。

5.3.1 目的和技术要求

与工业控制技术相关的设备相对于办公和娱乐设备有着更长的运行时间。除了消费类电子产品（其产品生命周期的长短影响生产设备），相关生产设备应该在长时间内保持稳定和可靠。当人们希望对现有系统进行升级改造（比如引入状态监控或添加能耗监控等）时，引入新的通信技术是一个不错的选项。

对于某些工业控制器，现在可以通过固件升级的方式来实现 OPC UA 服务器或客户端功能。理想情况下，固件升级后仍然可以继续使用现有的控制代码，不会因此影响工厂产能。必须注意的是，OPC UA 功能将额外占用一部分系统资源，这些资源在之前只作为必要的性能储备。

本节主要关注特殊的旧有设备的升级改造方案，这些方案不同于工程规划过程中对重要组件的重新规划。需要强调的是，在向 OPC UA 通信技术转变的过程中，应充分考虑经济性，减少前期的规划工作。与每个工程规划相同，稳定的项目推进都要求当前生产设备应具备技术文档。

对改造方案成功实施的另一个前提条件是，配套组件的制造商支持 OPC UA 标准。为了不破坏设备系统的稳定性、安全性以及质保服务，通常情况下只能通过设备制造商进行固件升级。

另外在进行正常的固件升级时，有必要将设备暂时从生产系统中排除出去。但是这个前提条件并不是在所有环境和条件下都能得到满足。工程人员要根据各自特点进行评估和判断，例如在设备例行维护的情况下，是否能够执行上述措施。

如果上述前提条件都能满足：固件的升级更新能够实现 OPC UA 功能，生产设备已详细记录归档。这时设备由于固件升级可暂时停机，但是仍然需要从经济角度出发对设备升级进行考量。只有当产线在未来的生产过程中需要经常改变或者进行信息交互时，该固件升级才具备长期的成本效益。与旧式网络解决方案相比，产线设备被更改的频率越高（即系统模块可以以任何方式进行更改），OPC UA 解决方案的工程成本将被分摊的更少。另外还需考虑设备的剩余设计寿命。我们将在下面基于实际案例对可带来系统收益的升级改造方案进行详细的阐述。

5.3.2　固件升级

工业现场设备和控制器的固件升级的实际过程可能各不相同。但无论如何，固件都将以数据包形式移交给设备以进行升级。这种移交方式无论是通过存储介质、网络访问或者其他类型的数据访问形式来实现，都必须确保对设备的有效访问。另外在固件导入设备的过程中，必须要暂停相关设备的功能服务，此后才能执行对设备导入固件升级数据包的步骤。现场工程师必须确保固件升级过程中的安全性和可靠性，必要时可能需要暂停设备的生产功能。

当设备厂商专有的固件升级流程完毕之后（固件升级的具体过程可能会在相应的手册中进行更详细和更准确的描述），即可在设备上部署 OPC UA 服务器功能。但是，在现场升级固件之前，我们有必要对设备可能的后续使用场景，以及 OPC UA 服务器的最终配置进行各种考虑。

更新之后，OPC UA 服务器应提供的数据模型的起始点是两组信息。一组数据由控制器或现场设备提供的数据组成，它们在固件升级之前通过与外部设备的通信提供这些数据。通常我们只需要功能数据就足够了，那些旧有通信模式的“通信开销”（overhead for communication）此时将由 OPC UA 结构代替。但在某些特殊情况下，仍将使用旧有的通信方式。第二组数据信息主要是需求子集（requirement profile），由新增加的 OPC UA 功能负责提供。在大多数情况下，这些需求子集往往来自预先执行的成本效益计算（请参阅 1.1 节）。更新之后，OPC UA 服务器将通过数据模型提供针对上述统一的信息数据提供访问操作。

以下将介绍固件升级的技术过程。由于每个设备组件都有各自特定的更新过程，我们将选择一个具体案例进行分析。本节所使用的示例来自 Festo 公司的小型控制器 CPX CEC C1 V3。

准备工作

假如成本效益计算给出了正面的评估结果，我们应该检查是否存在一个包含

OPCUA功能的设备固件版本能与当前组件完全兼容。所有信息都应录入设备技术文档中，当然也可以后续追加资产评估（即确定已安装组件的实际状态），但这将显著增加项目的总体成本。兼容固件的相关信息通常可以从控制器制造商的主页上获得。固件升级所需要的大多数其他软件工具也可以通过其主页上获得。在某些情况下，固件升级软件工具还可以下载固件并自动检查兼容性，以此来简化流程。

对于Festo的设备，可从官方网站获取固件以及执行固件升级所需的Festo软件工具（FFT）。具体详情参考Festo主页（http://www.festo.de/sp）。

此外我们还应校验当前编程环境与新固件的兼容性，必要时也需升级编程环境至相应的版本。针对本案例中的Festo控制器，至少需要Codesys 3.5 SP7以上版本以及与控制器相适应的目标控制器支持包，该支持包可从Festo官方网站下载。

当上述条件都得到满足以后，我们应对现有控制系统代码进行备份，这项工作可以通过Festo的FFT（Festo Field Device Tool）软件来实现。这要求运行FFT的计算机与控制器之间应建立直接的网络连接。如图5-11所示，通过操作界面上的“备份”（Sichern）选项即可在计算机上备份控制系统。在后续对话框中，用户可进行进一步的详细备份设置。除了控制代码，备份软件还可以上传和保存控制器的配置信息以及控制器上的其他文件。此外强烈建议升级前检查是否存在当前版本的固件升级包，以便升级失败时系统可以回滚到升级前状态。

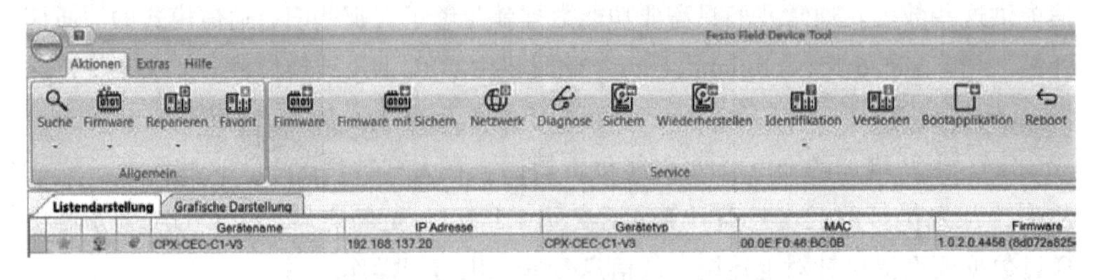

图5-11　Festo Field Device Tool软件工具栏

另外我们还要检查控制逻辑源代码是否存在并可访问。对于此处所展示的示例，该源代码在固件更新后必须重新编译和修改，并下装到控制器。

一旦完成上述所有步骤，我们便可以开始执行实际的固件升级了。图5-12对之前所描述的具体准备步骤进行了总结，同时我们也可以根据需要对某些步骤进行修正。

□ 固件是否具有 OPC UA 功能
□ 系统可被关闭
□ 成本效益计算的结果是否为正
□ 设备文档是否完备
□ 是否存在新固件
□ 所需软件工具是否齐全
□ 保证编程环境的兼容性
□ 备份控制器数据
□ 是否可以还原到备份的固件
□ 是否拥有当前控制器程序源代码以便移植

图 5-12　准备事项清单

固件升级

如本章开头所述，固件升级可通过多种方法实现。在我们所选的案例中，将通过软件工具进行固件升级。

首先，必须确保可以多次重启控制器，并且不会造成任何危险。然后，可以在运行更新软件工具的计算机与控制器之间建立连接。如果使用 FFT，我们最好直接通过有线网络的方式。最后，通过在列表中选择控制器并单击“固件”(firmware) 按钮（见图 5-11）来完成固件升级的过程。用户确认后，控制器将重新启动。FFT 将自动重新连接到控制器，并提供相关的固件列表（见图 5-13）。或者可以通过“浏览”(durchsuchen) 按钮选择其他的固件文件。

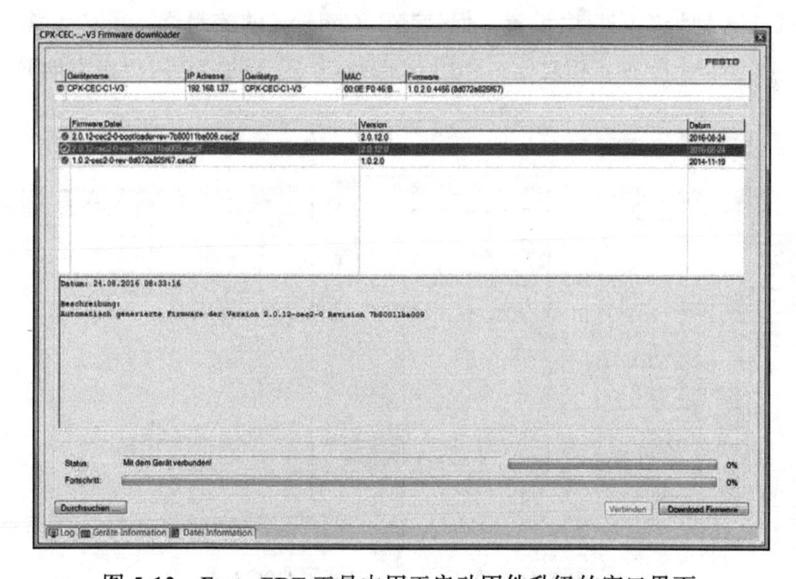

图 5-13　Festo FDT 工具中用于启动固件升级的窗口界面

单击“下载固件”按钮将开始固件升级，新固件将传输到控制器并存储在该控制器中。固件升级的过程将以控制器重新启动和显示升级报告作为结束。该报告应保存在设备文档中。

如果升级过程中出现问题，可以使用相同的步骤将固件回滚至先前版本。

在 Codesys 中使用 OPC UA

将控制器升级至最新固件版本，并不意味着就直接拥有了 OPC UA 服务器功能。为了成功利用 OPC UA 解决方案，更加重要的是创建信息模型，该模型组织了需要的数据并向 OPC UA 客户端提供访问。在当前的工业生产实践中，控制器制造商往往能够受益于预定义的信息模型。一个典型的例子为 Codesys，Codesys 是 3S 公司的产品，已在各个制造商的工业控制系统中以许可证方式得到广泛使用。Codesys 的应用覆盖的市场范围很广，但在本案例中则停留在 Festo 小型控制器 CPX CEC C1 V3。

在 Codesys 中使用 OPC UA 服务器非常简单。为了激活 OPC UA 服务功能，必须在 Codesys 3.5 SP7 中将类型为符号配置（Symbol configuration）的对象添加到应用程序中（见图 5-14a）。在弹出的窗口中，必须注意选择支持 OPC UA 功能的选项（见图 5-14b）。编译完成之后，即可通过 OPC UA 访问不同的变量（见图 5-14c）。此外还可以通过设置数据的读取 / 写入属性来限制 OPC UA 客户端的访问权限。原则上可对 OPC UA 地址空间自由设置，但是基于 Codesys 的控制器，开发环境并不支持对地址空间的自由配置。相对地，利用 Codesys 预定义的结构可以极大地简化流程。

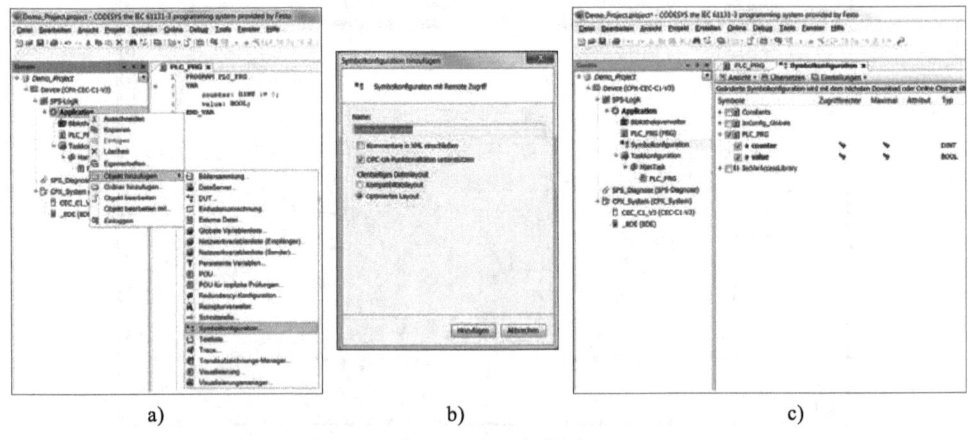

a)　　　b)　　　c)

图 5-14　在 Codesys 中使用 OPC UA

当对现有的控制代码进行移植时，有可能需要对目标系统进行更新。此时需首先安装与新控制器固件匹配的目标控制器支持包，可以使用“更新设备 ...”（Gerät aktualisiern）窗口在 Codesys 中更改目标系统（见图 5-15）。如图 5-15 窗口界面的提示所示，取决于系统支持的功能，固件更新可能会导致信息丢失，这也是建议用户进行原始固件备份的原因。

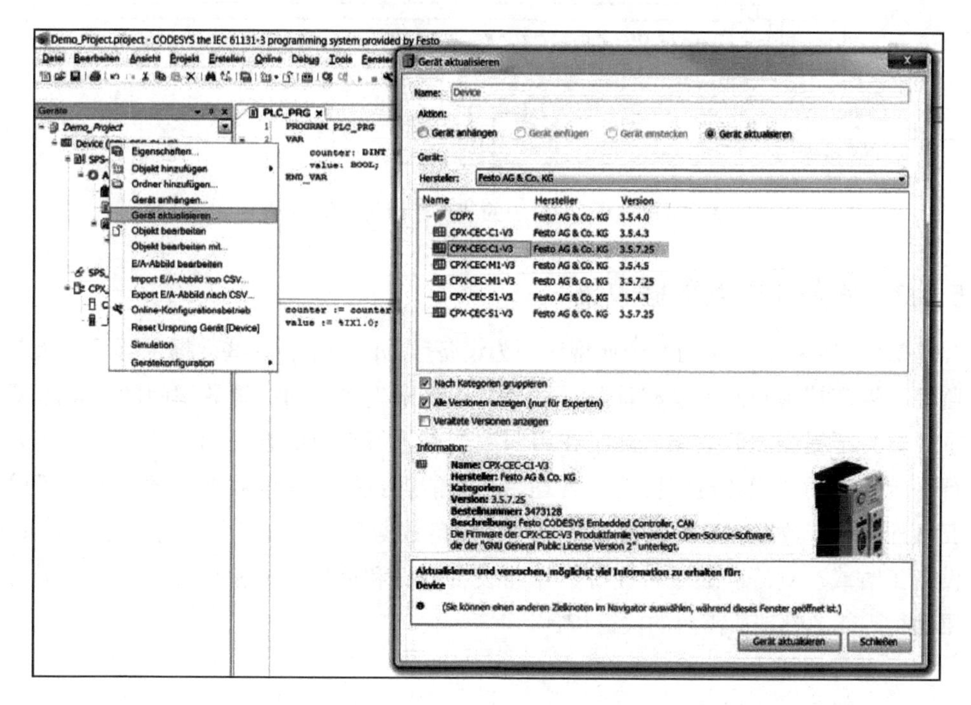

图 5-15　在 Codesys 中更新目标系统

建立连接并测试服务器

要建立连接并测试 OPC UA 服务器，我们需要有一个 OPC UA 客户端软件。这里推荐一些免费且可用于测试的软件。要建立连接，我们必须知道控制器的 IP 地址或主机名以及访问数据。根据 OPC UA 客户端软件的运行范围，系统会自动检测服务器可提供的连接选项（端点）。如果客户端软件不支持此功能，则除了上述信息，我们还必须知道签名和加密的类型以及 OPC UA 服务器的端口。

如果上述连接过程可成功实现，则系统通常可以搜索地址空间。为了以编程方式访问 OPC UA 地址空间中的变量，通常情况下系统需要知道变量的对象标识符（NodeID）。这也可以通过通用的 OPC UA 客户端软件来确定。如图 5-16 所示，NodeID 由三部分组成。上述示例均基于 Festo CPX-CEC-C1-V3 控制器。

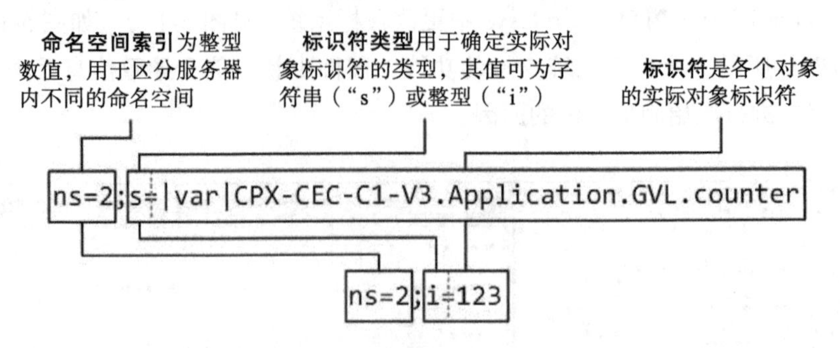

图 5-16　OPC UA 中的节点标识符（NodeID）

5.3.3　设备和能效数据收集

OPC UA 在实际中的一个典型应用为设备数据的采集，这些数据主要用于状态监控、生产控制和制造过程优化。另外，近年来生产中的能源效率问题显得越发重要。为了提高能源效率，除了在组织生产中进行有效的管理和定位，还需要进行一定程度的“能源透明度化”管理。在从能耗数据中提取数据的过程中，还需要额外的生产数据，这些数据通常包含在设备数据和运行数据中，包括运行状态、设备工时或产量等。通过将能源数据与设备数据和运行数据相链接，可以在车间层面得到能源管理所需要的关键指标。

- 单件能耗
- 单件良品能耗
- 每笔订单的能耗
- 不同工况的能耗比例
- 能耗增值比例

以下为 Festo 公司位于 Scharnhausen 的工厂在阀体生产过程中的具体使用案例。在此应用案例中，数据采集将于设备层面实现，以可视化各种控制系统和能源数据。为了实现数据采集的目标，我们还增加了额外的传感器和测量技术，以便能有效记录电能消耗和气压值。在这些测量点获得的数据将在不同层面进行处理并由 OPC UA 服务器向外界提供访问。

该方案的核心模块为一个集成 OPC UA 服务器功能的小型控制器，该控制器通过模块化接口可连接各种传感器和测量设备（具体取决于应用该概念的系统）。这些传感器和测量设备将用于记录设备内的不同“能量流”。小型控制器通过接口与主控制器连接来记录设备当前的工控状态。小型控制器对记录的数据进行汇总、预处理并通过 OPC UA 服务器向外界提供访问。图 5-17 展示了综合收集数据记录概念的示意图。

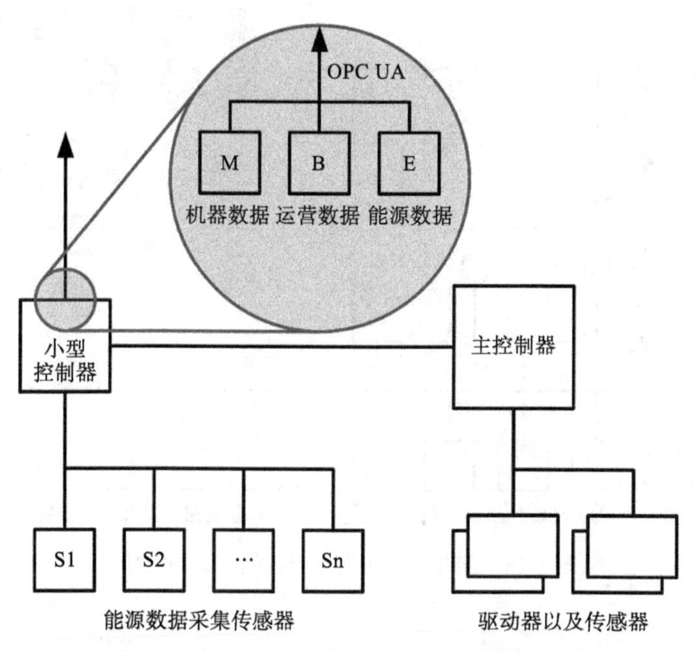

图 5-17　能量和设备数据综合收集的概念

在传统的能源数据采集系统中，生产数据和能源数据均为单独采集。这时我们遇到的主要问题是后期的数据融合，比如不同的时间戳或不同的传输延迟等。使能源数据和设备数据的综合采集可以从设备层面解决这个问题。控制系统可以从每台设备的数据访问点上以清晰准确的方式获得所需的数据。此外，OPC UA 还提供了标准化的数据，因此数据格式将实现统一化。从概念上来讲，可以通过工厂级的数据模型实现上述目标。此外我们也可以使用不同的 OPC UA 伴随标准定义的且独立于设备供应商的数据模型。OPC UA 还允许来自不同系统的数据访问，新添加或者修正过的系统无须通过“系统修改”通知控制器。图 5-18 说明了这种类型的能源、设备和生产数据采集架构。例如制造执行系统（MES）或能源管理软件之类的控制系统仅可以访问 OPC UA 地址空间中相应任务所需的对象。

由于采用了模块化设计，我们可以轻松实现系统扩展。通过添加额外的温度和震动传感器，未来我们可以实现预测性维护。小型控制器利用软件扩展可实现更多功能，而无须使整个系统的重新验收。在工厂层面随时可以使用更多的软件系统，比如图 5-18 展示的案例是用于生产优化的数据分析工具。

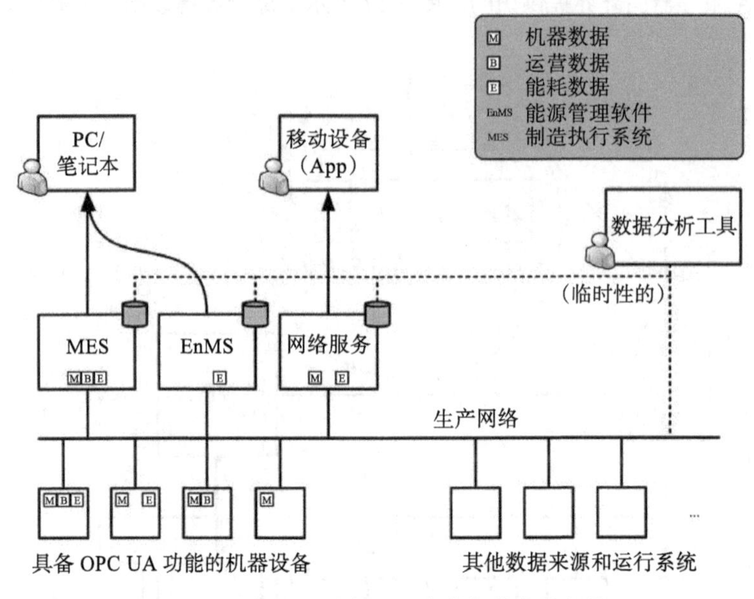

图 5-18　能源、设备和生产数据收集的架构

小结

机器和生产设备的互联互通对于现有产线来说也是成功的重要因素。本节介绍了通过对现有控制器进行固件升级来实现 OPC UA 功能的示例。不管是新产线还是现有产线，同样可通过统一的设备和能源数据收集，在能源管理领域内进行生产过程优化。

5.4　基于 OPC UA 与 AutomationML 的 PLUGandWORK

(Dr. Olaf Sauer / Dr. Miriam Schleipen)

5.4.1　PLUGandWORK 和工业 4.0

在异构的工业 4.0 世界或者工业互联网时代，制造系统具有鲜明的个性化色彩并要求进行持续的定制更改。在现阶段由于持续变革以及对灵活性的需求，对生产系统的柔性提出了更高的要求，即产线在调整和变化时成本更低，效率更高。

定义　PLUGandWORK 是一种内在的需求，试图在两个或更多个生产参与者中，以尽可能低的开销建立、修改或者解除互操作性。

现代生产系统中实现 PLUGandWORK 的需求可如参考文献 [at] 所示进行简化处理，其内容重点如下。

- 面向功能的模块描述，包括属性、能力以及通信接口。
- 面向功能的模块比较机制，便于高效选择所希望的模块。
- 标准化的模块访问接口（包括用于信息交换的接口）。
- 模块化和自适应的模块控制策略（用于不同的，甚至部分未知的应用场合）。

PLUGandWORK 工作模式类似于 PC 中的 USB 接口，只是它面向生产过程并复杂得多。这是因为整个系统和工装多处于异构状态，并且存在太多现有系统。现在不存在并且将来也不会出现统一的标准，能够将所有参与者都囊括其中并映射到所有的专业领域。

考虑到工业 4.0 组件 [Begriffe] 以及相对应的通信能力，在开发过程中我们往往会遇到这样一个问题：实际应用中我们该如何具体地实现该组件。首先需要澄清的是，工业 4.0 组件之间如何交换数据，以及组件如何提供访问接口，同时还要理清哪些组件信息具备重要价值。所有的组件实体或者资产都同时具有虚拟的数字化表现模式，该虚拟形式通常也被称为组件的“数字孪生”。

在不久的将来，运行数据将结合工程数据实现一定程度上的智能化运用（见参考文献 [DIN SPEC]）。应用中的模型将不仅包括用户数据，同时还包括所涉及的所有库、类型描述以及语义特征等。

5.4.2　OPC UA 与 AutomationML

现今可投入使用的两种标准为 OPC UA 和 AutomationML。

AutomationML 是以 XML 为基础的标准（IEC 62 714），用于描述和建模相互联网的生产设备和组件。OPC UA 作为独立于平台的标准序列（IEC 62 514），主要用于工业自动化设备和系统之间的信息通信，这些设备都集成在网络化的制造系统中。形象地来说，AutomationML 是 OPC UA 的某种工具，用来达到或完成某些特定的要求，从而进一步提高工程的效率，以及生产运行时的透明度。

企业通常会在制造的上层部署多重 IT 系统，比如制造执行系统（MES），以使生产过程对于所有参与人员更加透明。这些 IT 系统采集与相关生产的机器数据、质量数据以及运行数据，如 [VDI] 标准所定义的。借助 OPC UA 技术，来自现场的信息能够被整合、转换并以结构化形式提供给上层 IT 系统。冗余机制是 OPC UA 协议的一个标准组成部分。同时 OPC UA 还提供了针对不同信息消费者（比如上层 IT 系统）的多种视图，其可直接于 OPC UA 服务器上生成并以统一格式向外界开放。同样，所有在此处收集的信息将统一至一个信息模型，或者与不同的行业伴随标准相融合 [Autom.kongress2]。此时 AutomationML 起到一个黏合剂的作用。

OPC UA 真正的潜力体现在对复杂信息模型（参见 2.5 节）以及以伴随标准 [Autom.kongress1] 形式存在的行业知识的处理和使用方面。模型的交互机制和存储机制（比如基于 XML 模板（见图 5-19）格式永久性存储 XML 文件），将有助于加快开发进度。这些信息中的某些部分作为企业的重要资产需要实行高度的保护，并限于向有限的合作伙伴开放。此时 OPC UA 通过无缝内置的安全机制也提供了网络安全的相关机制和解决方案（参考 2.3 节）。

```xml
<UAObject NodeId="ns=1;i=5002" BrowseName="1:InterfaceClassLibs" ParentNodeId="ns=1;i=1005">
  <DisplayName>InterfaceClassLibs</DisplayName>
  <References>
    <Reference ReferenceType="HasTypeDefinition">i=61</Reference>
    <Reference ReferenceType="HasComponent" IsForward="false">ns=1;i=1005</Reference>
    <Reference ReferenceType="HasModellingRule">i=78</Reference>
  </References>
</UAObject>
<UAObject NodeId="ns=1;i=5003" BrowseName="1:RoleClassLibs" ParentNodeId="ns=1;i=1005">
  <DisplayName>RoleClassLibs</DisplayName>
  <References>
    <Reference ReferenceType="HasTypeDefinition">i=61</Reference>
    <Reference ReferenceType="HasModellingRule">i=78</Reference>
    <Reference ReferenceType="HasComponent" IsForward="false">ns=1;i=1005</Reference>
  </References>
</UAObject>
```

图 5-19　OPC UA XML 示例

AutomationML 和包含的语义规格也可通过行业伴随标准集成到 OPC UA 世界内 [Autom.kongress1]。至于在具体应用中如何实现，其规则由相关行业伴随标准 [CompSpec] 和 DIN SPEC 16 592 [DIN SPEC] 具体定义，例如，在 AutomationML 和 OPC UA XML 元素间存在一个映射关系（见图 5-20）。除了元素和属性，两者还包括关系的映射。例如，OPC UA XML 中两个系统单元级的关系类型（RefBaseClassPath)，将会映射至两个 OPC UA 对象类型之间的 HasSubType 关系。这种映射对于存在于 OPC UA 地址空间中的元素关系同样有效，尽管对于 AutomationML 而言元素关系被定义为外部元素。假如某个设备描述在 AutomationML 中经由外部接口作为“Blob”链入，那么它在映射后将包含一个 HasAMLUAReference 类型的关系，此关系直接展示了设备描述中相应的起始节点。

AML	OPC Unified Architecture
InternalElement	Object
SystemUnitClass	ObjectType
RoleClass	ObjectType
InterfaceClass	ObjectType
Attribute	Variable
ExternalInterface	Object

图 5-20　AutomationML 到 OPC UA XML 的元素映射 [DIN SPEC]

由此即可基于 AutomationML 为 OPC UA 服务器地址空间建模。OPC UA 在系统运行期间也可使用 AutomationML 中描述的语义。

当此类模型中同时包含了设备描述和配置信息时，通信所涉及的元素或者属性可以呈现为指向外部世界通信元素的一个“指针”，比如某个远程 OPC UA 服务器内的 OPC UA 节点（见参考文献 [BPR]）。所谓的数据变量的概念不仅可用于设置 OPC UA，同时也可描述基于其他通信协议标准的数据访问。由此，用于设置建立 OPC UA 通信连接所需要的配置和参数信息，它可以以某种独立于系统的模式来描述和交换。在这种模式下，双方都可从中获益。PLUGandWORK 可以充分利用这种远程通信元素描述方法，在无须人工干预的情况下，通过 OPC UA 客户端实现某个组合服务器与所有下属服务器之间的耦合。

5.4.3 具体实现

PLUGandWORK 使用了两种集成方式。在过去的几年中，Fraunhofer IOSB 研究所以科研项目的形式开发了 PLUGandWORK 解决方案，最终却实现了商业应用。

第一种方案为商业解决方案，其实现基于 AutomationML OPC UA 映射和一个基于 Unified Automation 公司（参见 4.1 节）C++ 商用开发包的 Windows OPC UA 组合服务器（见图 5-21）。该方案也被业内俗称为 PLUGandWORK-Cube。它可以借助信息模型（基于 AutomationML OPC UA 映射 [din spec]）快速、自动地建立地址空间，并向外界提供统一的通信接口，即通过 OPC UA 向上层 IT 系统提供数据访问。PLUGandWORK 同时支持多个通道，比如 OPC UA、Siemens-S7 通信协议或者 ODBC。在 AutomationML 数据变量概念 [BPR] 的基础上，通过 OPC UA 还可以实现过程之间的耦合，比如连接至多个不同类型的控制器。

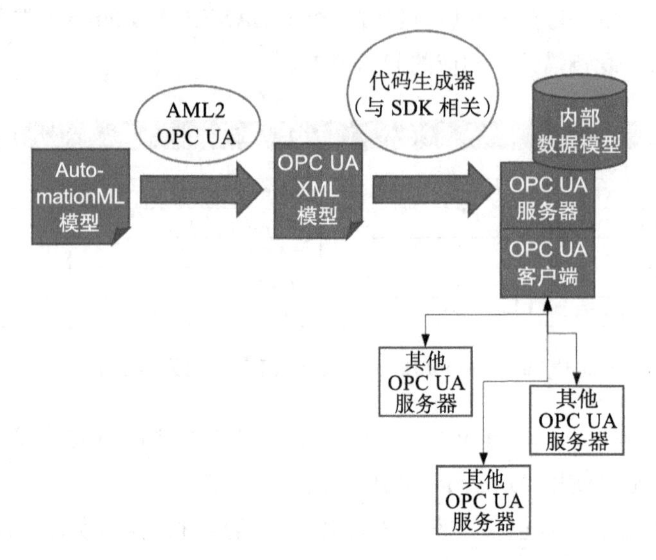

图 5-21 PLUGandWORK OPC UA 服务的整个流程

另一种解决方案主要用于研究与测试。该方案完成了从 AutomationML 到 OPC UA XML 的映射 [aml2ua]，并在此基础上生成了一个基于 open62541 的 OPC UA 服务器（参见 4.1.1 节），该服务器在 Web 平台上以 C 语言生成，并同时支持 Windows 和 Linux 操作系统。

小结

PLUGandWORK 是一个可借助 OPC UA 技术实现的、面向未来的应用场景。此时所利用的不仅是 OPC UA 的通信能力，也是 OPC UA 技术众多独特的功能特性。组合式的 PLUGandWORK 服务器（见 2.1 节）一方面能够将下属 OPC UA 服务器中的不同信息模型统一起来；另一方面还提供了标准化的接口用于访问系统组件的信息和功能（数据与服务）。此类组件对于实现工业 4.0 系统而言，是不可或缺的。

5.5 服务工程化的敏捷管理

(Dr. Thomas Usländer)

由于工业生产的日益数字化，产品 – 服务 – 系统的地位愈发重要。这意味着一个企业的资产（asset）以及与之相关的服务（service）必须在产品的整个生命周期内实现某种方式的绑定。因此在产品的设计与开发阶段，除了产品与制造装备工程化，服务的工程化也具有越来越重要的地位。在服务工程化过程中，需要同时考虑功能性以及非功能性需求（实时性、功能安全、可用性等）。这些需求其实是众多具备不同能力的用户从不同角度所提出的。

但是这种所谓的平台功能往往由软件开发人员和软件架构师所定义，通常与用户所使用的语言在概念和使用习惯上并不一致。本节尝试利用敏捷的服务分析和设计方法 SERVUS，来填补这两者之间的“空缺（或者说不匹配性，主要是在语言以及通常概念上的）”。

SERVUS 其实是“*基于地理空间面向服务的体系结构，以及针对案例和作为资源的能力进行建模的信息系统设计方法*”（Design Methodology for Information Systems based upon Geospatial Service-oriented Architectures and the Modelling of Use Cases and Capabilities as Resources）的缩写。

SERVUS 方法的基础是“用户故事”（user stories）以及从其中派生而来的半结构化“使用案例”（Use Cases）[2]。SERVUS 允许在基于 Web 的协作环境中实现信息的收集、存储和联网。接着，这些信息可以在专业社区或项目团队中进行梳理、建立链接、仔细研究和逐步细化，然后在设计阶段将其映射到平台功能上。这些功能可以抽象为独立于技术的某项功能，或者某一项具体的技术，比如 OPC UA。SERVUS 已成功用在众多协作和跨学科的软件开发项目中[4]。

5.5.1 动机

在新兴的工业物联网（IIoT）领域执行工程化应用时，可以借助 IIoT 参考架构模型自主研发平台的能力，必须同时关注 IT 用户的功能以及非功能性需求（主要来自机械工程、电气电子、自动化技术、工厂建设和设备制造等领域）。值得注意的是，未来将会存在多种 IIoT 参考架构 [1、3]，同时在工业 4.0 社区内，人们也在致力于开发参考架构以实现工业 4.0 参考架构体系结构模型（RAMI 4.0）。作为官方推荐的标准之一，OPC UA 以及相应的伴随标准将发挥越来越重要的作用。

IIoT 服务平台的功能主要由软件开发人员和架构师进行描述、归类和整理。可以预见，这些功能描述在概念和形式上大多与用户语言不一致，这使得从需求分析到系统设计的过渡更加困难。SERVUS 方法试图通过明确定义的分析和开发条款来定义一个统一方法，以促进这种转化。

5.5.2 技术现状

面向服务的分析和设计

随着面向服务的分析（SoA）这个概念的兴起，近年来在技术文件中也提出了许多面向服务的分析和设计方法（SoAD）。在参考文献 [10] 和 [11] 展示了丰富的概要浏览和评估。如图 5-22 所示，SoAD 方法大体可以分为两大类[12]。

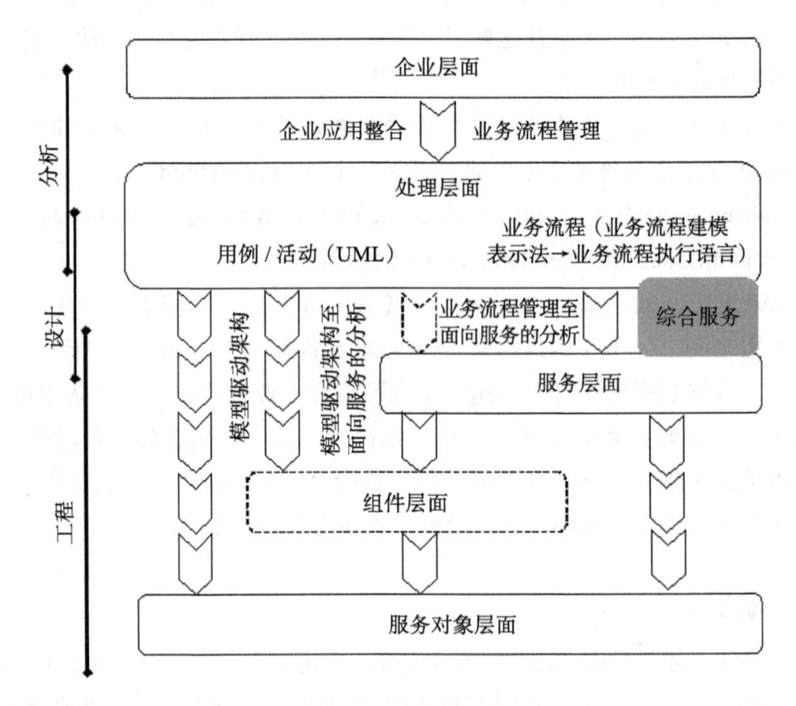

图 5-22 SoAD 方法的基本分类

- MDA-to-SoA：将模型驱动架构（Modeldriven Architecture，MDA）扩展或修改为面向服务的环境。典型例子为 IBM 面向服务的建模和架构方法（SoMA）[13]。

- BPM-to-SoA：业务流程建模（BPM）方法，以专用 BPM 语言中的业务流程建模（例如 OASIS、业务流程建模表示法（BPMN）、业务流程执行语言（BPEL））作为开始，然后映射到服务层（复合服务）。

现存方法的不足主要体现在以下几点。

- 用户必须使用系统架构的正式语言来表达他的需求。普通用户往往并不熟悉这种表达方式，因此会对需求的认可度和可重现度（可追溯性[15]）造成影响，并且导致要求与系统模型之间经常出现不一致。
- 未考虑现有或将来参考模型的约束条件，而这对于 IIoT 应用（例如工业 4.0）是非常重要的方面。
- 在大多数情况下，人们往往假定能够开发一个独立于现有服务平台的系统功能。然而在新兴的 IIoT 应用场景中，情况恰好相反。产品服务系统必须集成在公司或公司现有或自行开发的 IIoT 服务环境中。

本节总结了如何以易于理解、可被重现的方式来描述、分析以及归档用户需求，并将这些需求映射到平台以及相应的技术（如 OPC UA）上。

5.5.3　系统构架的立场和视角

服务工程化必须始终对架构方面有所考量，我们接下来将对此进行重点论述。参考模型作为基础结构，经常用于全局性地展现系统架构的不同方面。作为标准示例，我们首先来分析分布式开放信息处理的 ISO 参考模型（ISO RM-ODP[5]）。根据 ISO RM-ODP 模型，我们将从 5 个不同的视角，分析分布式系统和软件架构。但是这些视角仅仅创建了结构性框架，在设计具体的架构时，仍需对此框架进行适当的解读。对于基于 ISO RM-ODP 的架构描述，具体解读如下所示。

- 使用者视角（enterprise viewpoint）：官方和外部用户的视角，需求分析的结果为以使用案例的形式呈现边界条件。
- 信息视角（information viewpoint）：主要包括以专业信息模型形式呈现的信息对象及其与概念层面的链接。
- 服务视角（computational viewpoint，在面向服务的体系构架中，也常常被解释为服务视角，参见文献 [2]）：基础功能以及它们以功能和服务的形式为对概念层面所施加的影响。
- 技术视角（technology viewpoint）：技术的基础和所使用的标准。
- 工程化视角（engineering viewpoint）：从实现架构的意义来看，为具体的技术实现，也可以认为它是概念层设计到具体所用技术层面的一个映射。

ISO RM-ODP 标准针对架构描述推荐的基本原则是：从不同的视角对架构进行审视和整理。尽管在有些情况下，某些单独的视角需要进行修正或以不同的方式来命名，但是上述基本原则已经得到了广泛的应用。对于工业 4.0 或者更一般的工业互联网应用来说，相关的参考架构为工业 4.0 参考架构模型（RAMI4.0）[8] 以及工业互联网联盟（IIC）组织的参考架构（IIRA)(见图 5-23）。

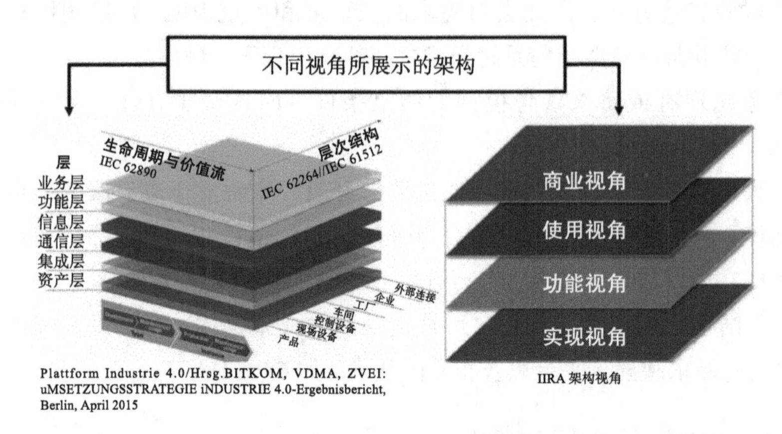

图 5-23　RAMI4.0 和 IIRA 构架视角

RAMI 4.0 参考架构模型使用了如下不同角度的分层。

- 业务层（business layer）：对应商业模式以及由该商业模式衍生的整个业务流程。
- 功能层（functional layer）：包括功能的运行期和建模环境（软件平台），这些功能主要用于支撑整个业务流程。
- 信息层(information layer)：运行期环境，包括对事件（event）进行（预）处理、采集和集成各种数据，以及通过服务接口提供结构化数据。
- 通信层 (communication layer)：使用统一的数据格式标准实现一体化的通信。
- 集成层（integration layer）：技术整合，并提供现实世界的计算机辅助信息处理（这里指资产）。
- 资产层（asset layer）：代表了现实世界，例如各种物理元素（如直线电机、钣金件、文件，甚至理念）。它还包括相关的人员，其通过集成层与虚拟世界相连接。

IIRA 参考架构则包含了以下视角。

- 商业视角（business viewpoint）：从商业视角来看，在企业中建立工业互联网系统之后，利益相关者的企业愿景、价值观和企业目标将被更多关注。

- 使用视角（usage viewpoint）：使用视角指出系统预期使用的一些问题，通常表示为在最终实现基本系统功能时涉及的人或逻辑用户活动序列。
- 功能视角（functional viewpoint）：功能视角聚焦于工业互联网系统里的功能元件，包括它们的相互关系、结构、相互之间的接口与交互，以及与环境外部的相互作用，从而支撑整个系统的使用活动。（请参阅使用视角）
- 实践视角（implementation viewpoint）：实践视角主要关注功能部件之间通信方案与生命周期所需要的技术问题。

通过各种 IIoT / 工业 4.0 项目，以及相关的工业 4.0 和工业互联网联盟之间不断加强的协作，可以预期如何将 IIRA 参考架构的视角映射到 RAMI 4.0 架构内会得到更加详细的论述。

从服务工程化的角度来看，专业技术人员应把技术从专业角度（RM-ODP 的企业视角、RAMI 4.0 的业务层、IIRA 的商业和使用视角）和其搭载的平台功能（RM-ODP 的信息和计算机视角、RAMI4.0 的功能和信息层、IIRA 功能视角）相匹配。其最终目的是将需求映射到某个工业物联网的服务和信息资源上。这其实是一个与所使用的具体技术无关的通用问题，并最终需要在实现过程中进行解答（见图 5-24）。假如某个平台通过使用 OPC UA 技术或 OPC UA 子集来定义，那么在进一步的设计过程中，独立于特定技术的平台功能可直接映射到 OPC UA 技术。

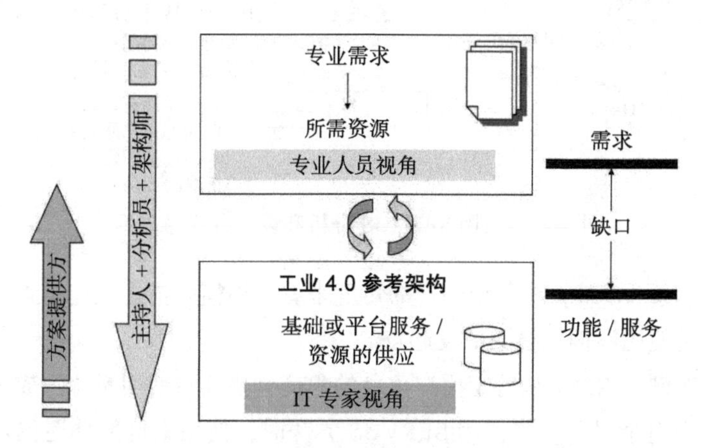

图 5-24 敏捷的、面向服务的需求分析

服务工程化在本质上所要处理的问题是：如何将需求分析、抽象系统设计（独立于技术），以及具体系统设计（与具体技术相关）以敏捷的方式有机融合在一起。

5.5.4 SERVUS 方法

概述

SERVUS 方法最初是由 Fraunhofer IOSB 研究所在开发地理信息系统（GIS）时提出的，已广泛应用于各个层面的众多合作项目（包括联邦、国家和欧盟层面），并被 ISO 标准 19 119：2016 [7] 附件 D 中作为示例所引用。虽然该方法来源于环境和地理信息系统（GIS）[4]，但是只要涉及服务平台，该方法的适用范围其实与具体应用领域无关。

SERVUS 方法的基础理念是一种元数据模型，确定了产品分析和设计过程的各个方面（见图 5-25）。

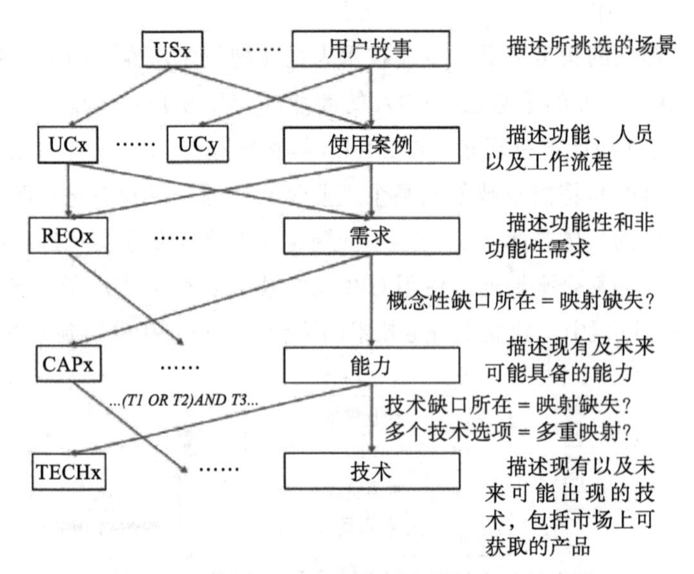

图 5-25　使用 SERVUS 分析和设计方法的产品

- 用户故事（US）：从系统用户的角度来看，用简短描述选定场景。用户故事往往是使用案例规格书的发起点。
- 使用案例（UC）：从特定用户角色的角度，描述在使用系统完成某个特定任务时的整个过程。当使用 SERVUS 方法时，使用案例额外还包含了一个必要的和已生成的信息资源列表（专业与结果对象，I4.0 组件）。
- 需求（REQ）：描述平台的功能和非功能要求，包括服务质量（QoS）。
- 功能（CAP）：描述平台现有或计划实现的功能。

- 技术（TECH）：描述平台现有或未来可实现的技术。技术也可以和具体产品相组合。

上述所有元素（位于同一层或者相邻层的）都通过某种关系相互连接。其关系如下：US 触发 UC，UC 映射到 REQ，由此衍生出大量的功能性和非功能性需求，如典型的需求书所提出的要求。

CAP 到 REQ 的映射，在很大程度上对应于需求书到规格书的转换。对这种转换进行详细分析有助于识别整个系统的缺陷，这些缺陷借助现代数据库存储技术、快速迭代和敏捷管理等方法相对容易修复。

CAP 可以通过布尔表达式映射到 TECH 上，此时允许将技术和产品进行融合以实现功能。除此以外，本阶段还可以描述不同实现的替代方案和架构类型。

通过对 CAP 到 TECH 的映射进行分析，一方面可以检测技术差距，另一方面可以由此衍生出技术文档和开发路线图。通过这种分析，开发人员可以确定在哪个时间段和使用哪些技术来实现哪些平台功能。

利用 SERVUS 开发环境，用户可以系统性地创建并逐步完善所有元素（见图 5-26）。对这些元素及相互关系的研究与评估使得某种战略性的决定（例如，需求本身和平台功能对使用案例变化的敏感程度）和关系网络的可视化表示成为可能。这样可以随时在两个方向上重现设计的决策过程。

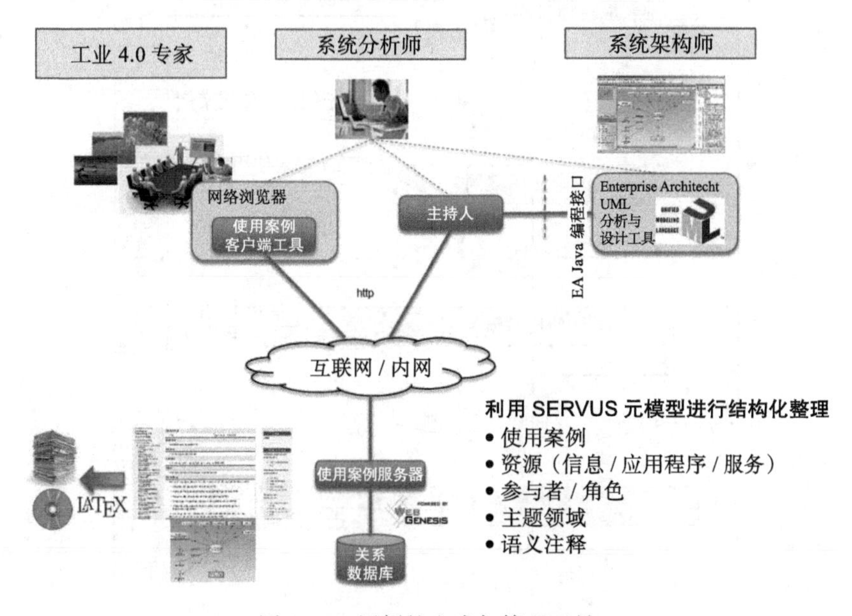

图 5-26　用例的生成与管理工具

- 通过平台功能可实现哪些使用案例
- 用户案例使用何种平台功能

SERVUS 工具本身是一个基于 Web 方式的内容和知识管理工具，因此先天地可以在空间上进行分布式部署，尤其适合跨部门的大型项目。内置的基于角色的用户管理更是提供了安全的访问控制。

在面向未来的 IIoT 参考模型中，通用的功能块作为高附加值的平台服务提供给用户，比如工业 4.0 中的目录服务、搜索服务、I4.0 组件的管理服务 [8]，以及面向价值链的规划和运营支持服务等。此外，根据不同的体系结构样式（Representational State Transfer，REST [6]）和交互模式（请求 / 响应或发布 / 订阅）[16]，系统还应提供通用的信息读写基础服务，这些服务中的大部分均可直接映射到 OPC UA 的某个服务。通过 SERVUS 工具，这些平台功能可以存储为抽象的（作为 CAP）和具体的（TECH）元素。

需求收集步骤

在本部分，我们将详细审视用户故事（US）和使用案例（UC）的收集过程，因为这是整个 SERVUS 方法的起点。独立于上述各种参考模型的视角，SERVUS 方法主要关注以下行为，以实现敏捷的、面向服务的需求分析（见图 5-27）。

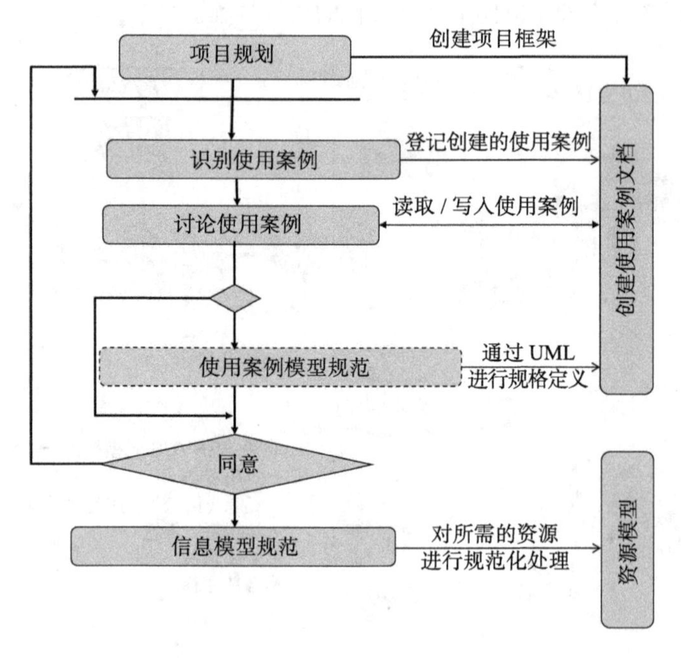

图 5-27　基于 SERVUS 方法的需求分析过程

- 项目规划，包括创建用例文档的项目框架
- 对使用案例进行文本描述（半正式）
- 使用图形建模工具（例如 UML Enterprise Architect）来建模、归档、整理和分析各种使用案例（正式描述）
- 与用户共同讨论使用案例
- 得到项目团队的同意和批准后，定义信息模型，包括说明所需的（信息）资源以及对这些资源的基本操作（读 / 写 / 创建 / 删除）

首先我们需要和用户紧密合作，共同确立使用案例的具体描述。必要时，可导入中间步骤，即以纯文本方式简要叙述用户故事。

接下来在与用户探讨后对使用案例进行描述，该过程在“用户故事”（US）的中间步骤采用简短的纯文本方案来执行。之后由系统分析员将其转换为半正式的、表格形式的简要描述，若有需要的话，也可采用包含所需信息对象的正式的图形描述。通过这种方式，我们希望在收集了用户反馈之后，双方达成能够共识。基于同一个软件工具可统一不同的使用案例、一致性以及统一的建模深度。

作为正式建模的基础，使用案例（UC）的内容描述将利用一个给定模板进行初步规范化。然而在实际操作中常常无法充分确定现有或新出现的项目参与者、处理步骤（业务流程链）以及信息对象等。通过正式的建模，对使用案例可实现基于信息技术角度的更精确描述，同时还保留其易于理解的特性。在此基础之上通过与相关使用者的共同讨论，可保证使用案例描述的准确性和完整性。

对于正式建模，推荐使用统一建模语言（UML）。SERVUS 方法侧重于信息对象（专业对象、结果对象）、对象属性以及它们之间的关系。专业对象作为唯一具有可识别性的信息资源，在其所支持操作中所能提供的对象数量有限。它们可以被读取、修改、创建或删除，也就是说，它们遵循 REST 架构原则 [6]。如果从 RAMI 4.0 意义出发，这些信息资源即为 I4.0 组件。作为工业 4.0 服务平台的核心部件，我们在需求分析的早期就可对这些信息资源加以考虑。这就产生了一个有趣的可能性：使用案例被映射到某个所需的工业 4.0 组件列表上，而这些组件反过来又在结构和内容（语义）上与工业 4.0 服务平台所提供的 I4.0 组件相类似。第二种方法尽可能使发起者、经办人和使用案例（业务流程或服务）在统一的标准下进行构建。因此对于每个使用案例，我们都应该进行以下调查。

- 谁将使用该用例？→确定用户角色
- 要达成何种结果？→确定结果对象

- 应当怎样实现？→确定实质上的实施步骤
- 为此需要何种资源？→确定必要的信息对象

使用案例可通过图 5-28 所示的 3 个相互叠加的层次实现图形化说明。

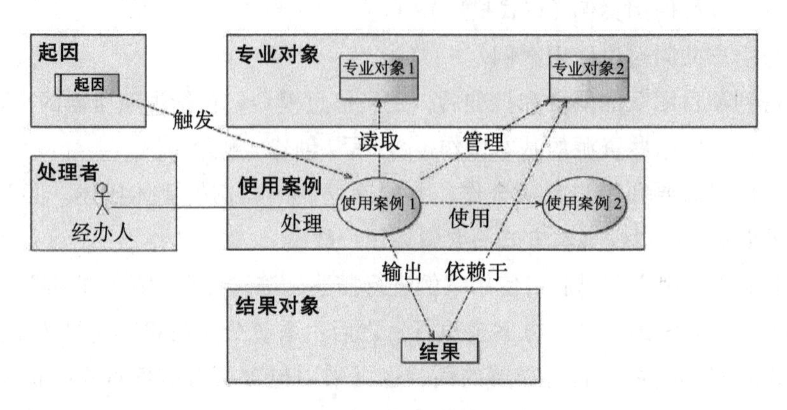

图 5-28　SERVUS 用例描述方法

- 触发器（上层）用于描述用例的触发情况，例如详细的订单、系统干扰或者时间期限等。
- 使用案例（中间层）是核心任务区域。它描述了其业务流程或软件服务，它们使得整个流程能够以半自动化甚至全自动化模式运行。使用案例由一个或多个相关人员进行处理。
- 工作人员（中间层）处理使用案例，即执行业务流程。
- 专业对象（上层）处理使用案例所需要的资源。它以信息对象的形式描述了虚拟或现实世界（资产或实例）中的对象，例如生产设备或生产计划等。特别值得注意的是，使用案例的输出结果有可能是新的或被改变的专业对象。
- 结果对象（下层）往往在使用案例的处理过程中被创建，其结果可能为新的信息对象。

在不同对象之间可能产生以下关系。

- “依赖于”作为通用的关系表述，常常伴随更加明确的说明，比如“触发”“取决于”“对……有影响”等。
- 经办人员和使用案例间的关系（“经办”关系）。
- 使用案例之间的关系：关系“使用了”被封装部分的功能。这可能涉及另一个使用案例或待开发的新通用案例，例如“智能搜索”，其实现形式为服务。

- 案例与专业对象之间的关系：通常这种关系应被描述为“已处理”，但在实际中往往伴随更精确的说明，比如“读取”“管理”或“使用”。
- 案例和结果对象的关系（关系“提供”）。

小结

SERVUS 方法以针对分析与设计元素的协作和半正式的结构，已在众多项目中得到成功的应用。只有在跨学科团队的项目中，采用 SERVUS 方法才更有意义。SERVUS 方法并不是针对从零开发一个全新软件而设计的，它更应被视为系统需求的一个有机组成部分并且建立在已设计或已实现特定服务的通用软件平台上。

一旦相应的专业技术社区基于服务的参考架构达成一致，工业 4.0 和其他 IIoT 应用场景也与此相类似。

OPC UA 及其相关的伴随标准（例如 AutomationML 映射 [17]）在许多领域中被认为是用于实现这种参考架构的基本技术之一。

为了保证兼容性，在服务工程化和架构设计的一开始就必须系统地考虑这些服务。当这些服务需要映射到 OPC UA 服务时，应将所选的 OPC UA 服务（可能是 OPC UA 子集的一部分）在 SERVUS 环境中作为所需的技术手段进行说明和记录。在系统设计期间，使用案例可以映射到需求（REQ）和平台功能（CAP）上。这种方式的最大优势是能够提供足够的灵活性、可行性研究、结构化的文档和双向的可追溯性。它可以充分解释为什么给定的服务是必要的，以及是否存在概念上或技术上的替代品。

SERVUS 方法也被 BITKOM 组织的“工业 4.0 互操作性”工作组所采用，并以 Web 应用程序的方式提供给工业 4.0 社区来实现使用案例的结构化存储。只要 IIoT 或 I4.0 参考架构的功能设计已定型，就可以在 SERVUS 环境中以标准平台配置形式进行读取。这可以在抽象层面上作为独立于具体技术的平台功能（CAP）来完成，也可以在实体层面上作为技术选项（例如，OPC UA 子集作为 TECH 子集）来完成。

当前的工作主要涉及如何系统化、结构化和一致性地处理非功能性需求，例如 IT 安全性、性能、可靠性以及它们向服务平台的服务质量（QoS）特性上的映射，以及根据参考架构模型 IIRA 和 RAMI 4.0 [14] 向服务平台功能上的迭代映射。这里起到决定性影响的因素是，将专业对象（信息资源）解读为一个服务平台所需要的或者能提供的工业 4.0 组件。此外，性能方面的评估可以使用不同的 OPC UA 通信子集来实现。

“即插即用”技术时代已来临

OPC UA 是一种开放技术，如今已在许多应用程序中使用，几乎所有制造商都在其控制系统和其他产品中提供 OPC UA 功能。在 OPC 基金会用户组织的保护下，许多制造商正在联合推广和开发该技术。机器设备和产线员工不再依赖于特定的通信技术，而能使用相同标准的技术入口。

借助由此产生的标准化系统网络，机器和产线员工可以集中精力应对新出现的挑战。过去在一个网络中平均有 30～40 个节点，将来将有 1000 个或更多个节点。

生产中的大型实时网络给机器和产线员工带来了重大挑战，随着网络节点数量的增加，网络工程将变得更加复杂和昂贵。此外，通常必须通过物理接口互连不同的网络协议。带有时间敏感网络（TSN）的以太网标准扩展以及与 OPC UA 的结合对此能提供一种补救措施。OPC UA TSN 目前正在多个测试平台中进行测试。

不断增长的节点数量

必须对不断增加的节点数量进行有效管理，因此，自动化供应商将为不同的客户提供多元的服务。这些软件工具将所有用户包含在一个大型网络范围内，并能够在最短的时间内投入运行，这一点具有十分重大的意义。相关的技术人员无须掌握深入的 IT 知识便可以使用这些软件工具。

当节点数量增加时，数据量也会成倍增加。为了对大量的数据进行跟踪和研究，现今行业内使用的技术协议已经无法满足要求。此时，OPC UA 可以满足上述要求并能提供更多附加值。

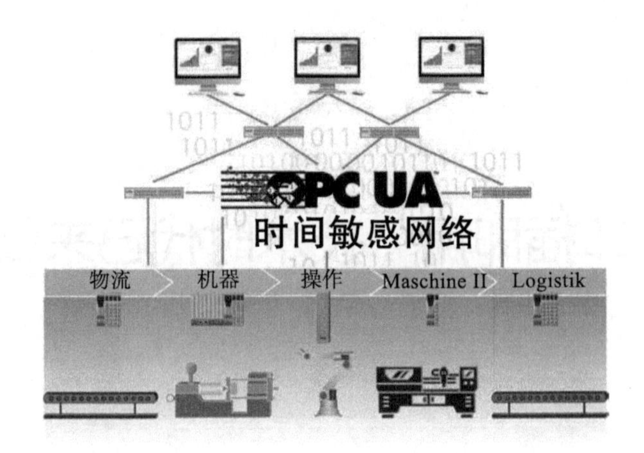

OPC UA TSN 满足现代制造业对于通信协议的所有需求

信息代替数据

OPC UA 的最大优势在于信息模型。传统的总线系统传输的数据属于无量纲的，即没有单位或其他信息的简单数字。控制器运行应用程序以解析该数据。在这种情况下，我们主要强调的是数据的语义描述。

只要设备是彼此独立运行的，上述过程就是实际可行的。但是，一旦将数据传输到其他单元（无论是其他设备、SCADA 系统，还是云中的 ERP 系统），这种语义信息将会丢失。数据将只是无量纲的数字。

减少错误

语义描述通常是通过表格甚至手写的方式传递给其他系统的，为此工作量很大，而且很容易出现错误。在存在 OPC UA 的情况下，上述过程是多余的。过程中的错误率将会降低，并且更加有利于机械设备的灵活使用。

OPC UA 信息模型不仅可以传输单个数据，还可以传输信息。每名工程人员不需要通过额外的解释内容便可以理解这些信息。以测量值为 5℃温度的传感器为例。常规协议下，将值“5”作为整型数据传输到控制器，控制系统将传输的数字存储为以℃为单位的温度值，该温度值具有极限值。

OPC UA 提供一个不同于传统的解决方案：数值“5”将包括描述性数据，在这种情况下，该信息是一个以℃为单位的温度值，该值应在极限值范围内。

根据要求提供信息

OPC UA 网络下的其他设备都能对信息进行访问，这大大增加了应用程序的灵活性。例如，如果要在 ERP 系统中生成新报告，则该系统可以在网络中搜索相关信息，在 OPC UA 中，此过程称为浏览。然后可以将找到的信息收集到数据库中并显示在报告中。过去，只有在数据传输的人工编辑过程中以及将每个值的语义信息存储在 ERP 系统中时，此过程才有可能实现。如果设备中的变量参数已更改，则必须在 ERP 系统中对其进行重新编程。这只是一个静态系统结构。

因此，我们可以发现，OPC UA 大大简化了从控制级别到更高级别系统的通信。但是，还有另外一个挑战需要解决：当更高级别的 IT 系统将请求发送到机器网络（在此上下文中也称为 OT）时，网络负载会增加。

如果在 IT 网络中发生毫秒级的延迟，通常不会出现上述问题。但是，对于高精度时钟的设备运行来说，亚毫秒范围内的精度是至关重要的。毫秒级的延迟会使设备停止运行，产品质量下降，在最坏的情况下甚至对人身和机器造成危险。因此，我们几乎在每个产品中都发现 IT 与 OT 网络之间存在明显的区别。IT 网络中缺乏时间准确性和周期性数据流量，然而这两点在设备级别上是绝对必要的两个功能。

通用网络

在 IT 网络中，采用了所谓的 Best-Effort（最大努力）原则，所有数据包都以相同的优先级尽快转发。如果网络中的某一点容量过载，则会发生拥塞。在设备生产网络中一定不能发生这种情况。过去，通过基础架构无法实现 Best-Effort 原则和确定性的循环数据流量，但是 TSN 网络（Time-Sensitive Networking）将改变此现状。TSN 是对以太网标准的增强和扩展，允许将来在共享网络上传输常规数据和实时数据。

为了使网络建立在统一的、确定的体系下，网络中的所有个体都必须拥有相同的时间处理体系。为此，我们开发了标准 IEEE 802.1 AS-Rev，它确立了网络中所有个体的时钟同步机制。这将创建统一的网络时间环境。

接下来，我们必须确定网络流量的优先性，这将由标准 IEEE 802.1 Qbv 和 Qba 来保定。标准中规定，在队列处理方式上，要求网络交换机确保在确定的时间内转发确定性的数据流量，其余流量则必须等待。为了标准化这种网络的配置，我们将使用流预留协议 IEEE 802.1Qcc，它启用标准化的接口和配置机制。使用的配置协议是通过 TLS 的 NETCONF 来实现的。

来自网络带宽的担忧

在网络中结合上述机制可以在相同的物理条件下传输实时数据和循环数据，同时传输非实时数据。随着现代生产网络可以提供千兆以太网甚至更高的传输速率，带宽的瓶颈得以突破。同时，这不仅可以通过传统的现场总线来实现，而且可以通过基于以 100 Mbps 传输的工业以太网协议来实现。

OPC UA 和 TSN 的结合将实现生产自动化中的新架构。我们可以预料的是，IT 和 OT 之间的现有边界将越来越多。另外，这不仅适用于已经完全联网的新系统，而且还适用于现有系统，即所谓的 Brownfield。

带 OPC UA TSN 的 I/O 设备

在过去的 15 年时间里，几种特有的工业以太网协议确保了生产中的数据能够可靠、快速地传输。设备和工厂的运营商经常面临这样一个问题，通过接口可以把不同的不兼容协议整合到一个网络中，但这样成本很高，要花费大量的时间和金钱。如果所有设备都使用相同的语言，那将容易得多。

不同的协议不仅会造成困难，而且随着网络中设备的不断增加也给工业生产带来了不少问题。大型实时网络的配置非常昂贵，这也超过了工厂设计的容量。然而，现今在实施工业物联网（IIoT）的过程中，现场级别具有数百个节点的网络变得越来越普遍。

工业互联网联盟

为了实现物联网的目标，AT&T、思科、通用电气、Intel 和 IBM 这五家公司于 2014 年 3 月成立了工业互联网联盟（IIC)。该非营利组织的目标之一是定义参考体系结构和框架，这对于网络的互通性是十分必要的。

IIC 处理的核心之一是工业物联网。其他领域包括医疗保健、运输系统和金融。IIC 本身不开发标准，而是与 IEEE、IETF、AVNU 联盟和 OPC 基金会等组织合作开发。

TSN 测试平台

就工业物联网而言，IIC 最新颖的项目之一就是 TSN 测试平台。在市场上已经形成很多共识，OPC UA TSN 技术能够将机器设备和系统网络进行模块化和灵活化的网络处理。在 OPC 基金会进一步开发 OPC UA 的过程中，IIC 大量参与了 TSN 的实施。

IIC 是第一个开始根据实际案例来测试 TSN 的组织。在 TSN 的测试平台中，自动化领域的相关工作人员将参与该技术的开发，并测试 OPC UA-TSN 原型设备与其他设备成员的互通性。到 2017 年 5 月，这些公司包括贝加莱、博世力士乐、施耐德电气、National Instruments、库卡、Sick、思科、Intel、Belden/Hirschmann、Hilscher、瑞萨电子、Analog Devices、TTTech 和 Xilinx。其他参与公司包括：Calnex、Ixia、ISW- 斯图加特大学和 Phoenix Contact。

TSN 核心功能的连续性测试

TSN 是以太网标准的扩展，提供了许多增强功能，这些增强功能将使以太网具有实时功能。它基于 3 个核心功能，对 Testbed 平台成员依次进行测试：时间同步、及时和定时发送数据包和帧（流量调度），以及使用所谓的中央网络配置器（CNC）进行集中式自动化系统配置。

在工业实时通信中，使用 TSN 的基本前提条件是：根据 802.1AS-Rev 标准进行时间同步。这个 TSN 子标准包含精确时间协议（PTP）的定义，以确保网络中的所有设备时钟都是同步的。在测试设置中，PTP 精度小于 100ns。这比我们最初设想的还要精确。

TSN 的第二项核心功能（已在测试平台的即插即用测试中成功进行了测试）是针对数据包 / 帧的目标控制，其 TSN 子标准为 IEEE 802.1 Qbv。所谓的时间感知调度程序（time-aware scheduler）可确保对时间要求严格的数据始终具有高优先级，并且其传输速度不会因其他数据流量而减慢。

动态配置

在第一个互操作性测试（Plugfest）期间，网络是静态配置的。需要进一步测试在 IEEE 802.1 Qcc 下定义的动态网络配置。当新设备接入网络时，它将登录到中央网络配置器，该配置器将与具有对应要求的其他设备建立通信关系，并相应地重新配置网络环境。

TSN 中的各个成员在理论和实践设置中都可以很好地发挥作用，并且可以与标准以太网组件进行实时通信。

IIC 和 LNI 4.0 都追求 100% 的互操作性目标（它们各自使用不同的方法），它们的合作已经在计划中。

即插即用

IIC 测试平台证明了创新周期正在缩短。测试平台的准备工作始于两年前，现今开发出的第一个核心功能逐渐成熟。对于一项全新技术开发而言，这是非同寻常的。

市场往往变化很大，到目前为止，控制技术供应商已都推出各自不同的通信解决方案，然而这将成为历史。在控制层面之上，OPC UA TSN 将作为统一的通信标准。

这其中的互操作性将大大简化组件的调试。未来我们也许仅需要插入网络电缆，通信将通过网络自动进行。即插即用”的时代将要来临。

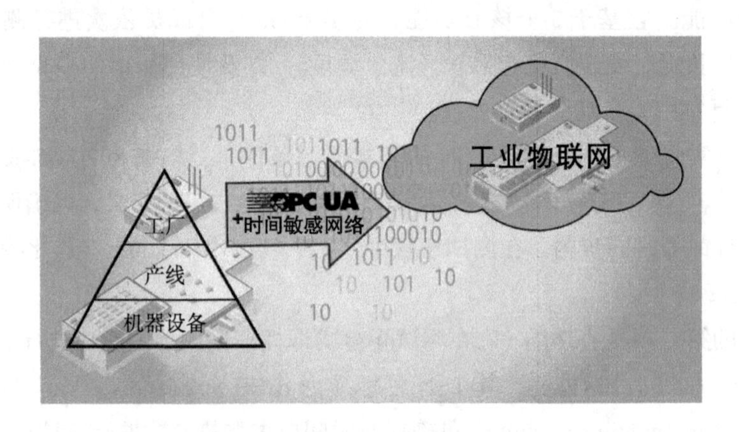

OPC UA TSN 可在生产中实现连续水平方向上的联网

基于时间敏感网络的 OPC UA

在工业 4.0 和智能工厂的背景下，TSN 逐渐成为一种通信标准。从长期来看，TSN 在自动化技术中有潜力替代以往不同的以太网通信协议。在这种情况下，OPC UA 和 TSN 的交互会被视为将来统一通信的解决方案。通过与行业内先驱型企业的合作将会进一步强化上述趋势。接下来我们将展示 TSN 和 OPC UA 结合背后所展示的技术细节。

时间敏感网络（TSN）是对以太网标准的一组实时扩展，该以太网标准来自 IEEE802.1。它解决了诸如网络时间同步（IEEE802.1ASbt）、网络传输保证延迟数据包的调度（IEEE 801.1Qbv）、网络冗余（IEEE 802.1CB）和抢占式数据包转发等主题，以确保较低的延迟和较高的带宽（IEEE 802.1Qbu 和 802.3br）。在这种情况下，IEEE1588 的精确时间协议对 TSN 至关重要。

上述描述体现了 TSN 可以解决现有网络的漏洞，下面将对此进行简要说明。

带宽：在较高位的传感器应用程序中，有时会有大数据集影响网络带宽的情况，例如工业数字图像处理、3D 扫描和性能分析等过程。但是，在当今工业控制中常用的通信是以以太网为基础的仅具有 100 Mbps 的带宽和半双工通信。TSN 将弥补上述缺陷，通过 TSN，下一代通信标准将能够覆盖常见的以太网速率并支持全双工通信。

安全性：如今，在大多数设备的现场总线中，安全问题是通过“气隙”（air gap）和“通过模糊性实现安全性”（security through obscurity）的方式来解决的。这种方式主要应用于汽车行业，其使用气隙和封闭的 CAN 网络来传输所有控制和操作数据。根据最新的由于安全漏洞而引发的一系列问题可知，安全性问题也必须被考虑到与设备相关的关键控制基础结构中。TSN 能确保关键控制信息的安全传输，并符合超前的 IT 安全法规。分段、性能保护和时间可组合使安全框架可以提升多个防御级别。

互操作性：通过通用的以太网组件，TSN 可以与现有的 Brown Field 应用程序以及通用的 IT 网络无缝地集成在一起，以优化其易用性。此外，新标准还将配备以太网的某些功能（例如 HTTP 接口和 Web 服务），这些功能将允许执行 IIoT 系统共有的远程诊断、可视化和修复功能。所使用的标准以太网芯片组中包含大量通用的商业芯片，这有助于降低组件成本。

延迟和同步：对于工业控制这一类需要系统快速响应的应用程序，TSN 将优先处理相关的数据包，以达到降低通信延迟的目的。OPC UA 在 TSN 的加持下，甚至可以实现 10 微秒级的数据传输时间，以及两个节点之间 10 纳秒级的同步性能。为了可靠地处理这种对时间敏感的数据流量，TSN 为复制和汇总数据包的数据路径提供了自动配置，这使得无损路径冗余机制成为可能。

基于 TSN 的 OPC UA

在工业自动化领域的通信中经常要求使用不同的协议在不同设备之间进行数据交换。这些协议通常彼此不兼容，因此用户经常会发现自己面对的是彼此独立的系统。用户只有通过产品制造商后期发布的产品补丁才能实现协议的兼容。这对自动化产业的创新和新概念的发展是一种限制，并且用户无法最大程度地发挥自动化解决方案的全部潜力。

因此，ABB、B&R、博世力士乐、思科、通用电气、Hilscher、Hirschmann、Kuka、National Instruments(NI)、Parker Hannifin、Phoenix Contact、Pilz、施耐德电气、SEW-EURODRIVE、Sick、TTTech 和 WAGO 等知名工业巨头联手合作促进该标准的研发。此合作的目标是为实时对等通信（Peer-to-Peer-Communicontion）创建一个完全开放、统一、兼容的 IIoT 解决方案，使控制器以标准化方式与包括云在内的其他控制器进行通信。上述公司确信，在未来通过 TSN 建立的 OPC UA 方案代表了工业物联网（IIoT）中工业自动化和连接性的新标准。该新标准将融合信息技术（IT）网络和工业技术（OT）网络，这是实现 IIoT 和工业 4.0 的基本要求之一。

但是，我们也会提出疑问，TSN 本身在究竟具有哪些优势？因为最后 OPC UA 协议同样可以通过经典的工业以太网系统进行传输，例如通过时隙（timeslot）或隧道传输（tunneling）。然而我们不可能将工业以太网的所有传统技术都整合在一起。许多公司和设备制造商已投入大量资金进行研发，以使其可以在应用程序中能够使用“以太网”标准。有些可以使用未修改的标准以太网，但必须对系统权限进行限制，以保障系统的可靠性和稳定性。其他一些厂商则通过大幅度的硬件层面上的更改来获得所需的性能。这些企业的共同目标是使用标准以太网，而不牺牲设备的性能和可靠性，同时可以确保设备对未来系统的可伸缩性、互操作性以及灵活性。通过现有技术 / 系统的实现，需要做出妥协方案。标准化机构 IEEE 为此创建了 TSN，该 TSN 应该能为标准的基础化网络提供所需的基础结构。该标准是否最终为业界所接受，取决于新应用环境的需求，这些需求往往无法或者很难通过传统的工业以太网络实现或者满足。虽然还需要对带宽方面的重要技术细节进行考虑，但 TSN 目前的主要目的是实现 IT 网络和 OT 网络的融合。这将提高用户对数据的访问权限，这其中包括业务策略决策、灵活的生产和流程优化所需的数据，这些都将服务于工业 4.0。

我们接下来会遇到的问题是，关于 OPC UA / TSN 系统中的任务和功能。这些功能和任务是如何在 OPC UA 和 TSN 之间进行分配，各自适配的标准是什么？TSN 和 OPC UA 在不同通信堆栈层面上运行，但彼此又可以互为补充。TSN 负责时间同步和确定性数据包的传递并提供网络服务，而 OPC UA 提供应用程序层面上的功能。这能确保用户数据包以有效的形式进行发送，并同时把数据包转换为接收方可以理解的通用格式。我们拿“电话通话”传输模式进行对比，会发现 TSN 的任务是建立高质量的连接方式，以便双方可以实时“听到”正在说的内容。另一方面，OPC UA 负责把数据转换成接收方自己的语言标准并发送给接收方。

基于 TSN 的 OPC UA 通信架构的优势

在 TSN 的讨论中，我们会经常遇到将它与传统的现场总线进行比较的情况，然而从总体来看，TSN 这一新标准有可能逐步取代传统的现场总线。有人对此提出疑问：哪些任务和功能现今会由工业以太网来完成？而哪些将会由现场总线完成？这一点在很大程度上和技术本身没有关联，而取决于市场对不同技术的接受程度。原则上，TSN 能够涵盖的要求包括：苛刻的高性能应用程序和普通的低成本应用程序。换句话说，TSN 是对关键时间（time critical）、非关键时间和数据流应用程序在单个网络上的成功融合。未来可能在控制器与控制器层面的交流通信中首先使用 TSN。

TSN 技术是否足够成熟

上述提及的参与到此项目的这些公司未来可能在自己产品中通过 TSN 支持 OPC UA。它们的首批原型已经集成到 IIC 的测试平台中。对此我们可以实现通过 TSN 的 OPC UA 支持，这将允许不同制造商的控制器之间通过通用的 IT 基础结构进行通信。该测试平台在奥斯汀的 NI 总部进行了评估，最近在 NI 工业 IoT 实验室（见下文）进行评估。

NI 参与的另一个与 TSN 相关的合作是关于 TSN 的早期访问技术平台（early access technology platform），该平台旨在推动新的同步和通信技术的发展。该平台与思科和 Intel 合作开发，使用户能够通过标准以太网连接在分布式系统上执行准确的和时间同步的控制和测量应用程序。该平台已经在相关项目中使用，例如 TSN 测试平台中。另外，亚琛工业大学（RWTH Aachen University）的机床实验室也将其用于下一代 CNC 机床的开发，EUV Tech 也将其用于创建新型的半导体制造机床。Okak Ridge 国家实验室（ORNL）将其应用于未来的电网研究中。

早期访问技术平台结合了新的基于 Intel Atom 处理器架构的 CompactRIO 控制器并提供了支持 Intel TSN 的 I210 网络连接方式，这套组合可以以合理的价格提供快速而节能的解决方案。该控制器使用 LabVIEW 系统设计软件进行编程，以保持网络时间同步，并根据时间限制在实时处理器和 FPGA 上进行同步处理。随着技术的发展，我们可以将 LabVIEW、信号处理、控制算法和 I/O 时序这些组成部分通过所规划的网络传输以及整个网络中的多个分布式系统之间进行无缝协调。

新型工业控制器 IC-3173 是首款具有 IP67 防护等级的 NI 控制器。这款新控制器非常适合在严苛的操作环境中用作 IIoT 网络的边缘节点（IIoT-Edge-Node），例如在生产、实验室和一些外部环境下，设备暴露于湿度大且被水汽包围的环境中，而自身不一样外部保护罩。IP67 的防护等级可确保满足 IEC 60 529 标准的设备在充满灰尘和水的环境中可靠、安全地运行。NI 公司的工业控制器是功能强大的无风扇设备，可为极端环境中的自动化图像处理、数据采集和控制应用提供高处理能力和连接服务。这些控制器装有 Xilinx 公司的用户可编程的 Kintex-7 FPGA 系统，该 FPGA 可提供定制化 I / O 时序以及为用户提供特定的同步、控制、调节和图像处理功能，以提高系统性能。

此外，National Instruments（NI）最近在 NIWeek 2017 上推出了两种新的四插槽和八插槽以太网服务器，支持当前基于以太网标准的确定性同步功能。NI 将时间敏感网络（TSN）与强大的 CompactDAQ 分布式网络测量硬件相结合。cDAQ-9185 和 cDAQ-9189 服务器支持通过 TSN 进行精确的时间同步，这使分布式系统更易于扩展并可提供精确的网络定时，且无须额外的同步线缆即可无缝地进行同步测量，通过集成的网络交换机可轻松实现菊花链（daisy chaining)。后者确保了分布式应用程序的快速设置和扩展。新服务器通过网络时钟自动同步测量。这样可以在更长的距离上实现精确的同步，从而简化了分布式系统和多通道系统的设置和管理。这种创新的同步方法与 LabVIEW 系统设计软件的信号处理库相结合，可使用户能够快速捕获和分析数据，从而使测试更快、更高效。

NI IIoT 实验室

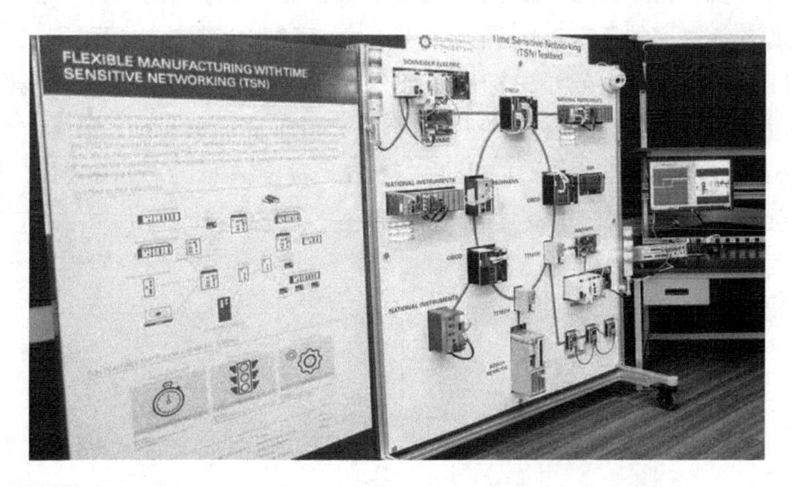

NI IIoT 实验室中 IIC-TSN 测试平台的实际操作过程

上文提到的 NI IIoT 实验项目主要涉及将操作技术与信息技术相结合的智能

系统，以及致力于这些系统研发工作的相关公司。NI 工业物联网实验室旨在促进公司之间的协作，以确保不同技术的互操作性。通信协议、控制器硬件、I/O 组件、处理器和软件平台的相关开发人员正在共同努力，以实现全面的解决方案，这种解决方案将从根本上改变未来的业务流程。实验室赞助商包括 NI、ADI、Avnu 联盟、思科、惠普、工业互联网联盟（IIC）、Intel、Kalypso、OPC 基金会、OSIsoft、PTC、Real-Time Innovations、SparkCognition、Semikron、Viewpoint Systems 和 Xilinx。

工业物联网实验室还为工业物联网提供技术、解决方案和系统架构的具体演示操作。通过使用演示系统，例如在工业互联网联盟（IIC）的测试平台上，所涉及的公司将能够展示其创新的解决方案，并与各自的领域专家一起应对实际挑战。

小结

总体来说，TSN 的潜力很大，尤其是 OPC UA 中的 TSN，其潜力更加巨大。随着上文所描绘的工业规模场景在未来不断地扩大，基于 TSN 的 OPA UA 将成为行业领先的通信标准。在 NI，相信基于 TSN 的 OPC UA 将能满足客户的需求，其中包括构建可互操作的测试、测量、控制和调节系统。我们将看到项目成员的信心并且积极工作的景象。在工业互联网联盟（IIC）中 TSN 也非常活跃，该联盟的 TSN 测试平台是在 IIoT 实验室中建立的。另外，在 IEEE 的 TSN 工作组中，我们是该标准一部分的创建者（编辑）。另外，我们也是 Avnu 联盟监督委员会的活跃成员，该委员会包括 Broadcom、思科、Intel 和 NI 等公司。正如 WiFi 联盟可以认证产品和设备是否符合 IEEE 802.11 标准一样，Avnu 联盟也将通过认证来推动互操作生态系统的设计。

缩 略 词

ADI Analyzer Device Integration 分析仪设备集成
AES Advanced Encryption Standard 先进加密标准
AIM Automatische Identifikation, Datener-fassung und mobile Datenkommunikation 自动识别、数据采集以及移动数据通信
AMQP IoT-Protokoll 物联网高级消息队列协议
API Application Programming Interface 应用程序编程接口
ARM Advanced RISC Machines 先进精简指令集机器
ASIC Application-specific integrated Circuit 专用集成电路
BMV Betriebsmittelvorschriften 工装设备守则
BPEL Business Process Execution Language 业务流程执行语言
BPM Business Process Modeling 业务流程建模
BPMN Business Process Modeling Notation 业务流程建模表示法
BSD Berkeley Software Distribution 伯克利软件分发
BSI Bundesamt für Sicherheit in der Informationstechnik 联邦信息安全办公室
CAQ Computer Aided Quality Assurance 计算机辅助质量管理
CNC Computerized Numerical Control 计算机数字控制
CORBA Common Object Request Broker Architecture 公共对象请求代理体系结构
CPS Cyber Physical Systems 信息物理系统
CRM Customer Relationship Management 客户关系管理
CTT Unified Architecture Compliance Test Tool/Conformance Test Tool 合规测试工具
DCOM Distributed Component Object Model 分布式组件对象模型
DA Data Access 数据访问
DI Devices 设备
DMZ Demilitarisierte Zone 隔离区
EDDL Electronic Device Description Language 电子设备描述语言
ERP Enterprise Resource Planning 企业资源计划
FAT File Allocation Table 文件分配表
FB Function Block 功能块
FC Funktionen 功能
FDI Flash Data Integrator 快速闪存数据整合
FDT Field Device Tool 现场设备工具

FFT Festo Field Device Tool 费斯托现场设备工具
FIFO First In First Out 先进先出队列
FPGA Field Programmable Gate Array 现场可编程门阵列
GDS Global Discovery Server 全局搜索服务器
GIS Geografische Informationssysteme 地理信息系统
GPU Graphic Processing Unit 图像处理单元
GUI Graphical User Interface 图形用户界面
HA Historical Access 历史数据访问
HAL Hardware Abstraction Layer 硬件抽象层
HSM Hardware-Security-Modul 硬件安全模块
HTTPS HyperText Transfer Protocol Secure 安全超文本传输协议
I2C Inter-Integrated Circuit 集成电路总线
IIC Industrial Internet Consortium 工业互联网联盟
IIoT Industrial Internet of Things 工业物联网
IoT Internet of Things; das Internet der Dinge 物联网
IP Internet-Protokoll 互联网协议
ISA Industry Standard Architecture 工业标准架构
ISO International Organization for Standar-dization 国际标准化组织
IT Information Technology 信息技术
lwIP Lightweight IP 轻量级互联网协议
KPI Key Performance Indicator 关键绩效指标
LH Lastenheft 需求书
M2M Machine-to-Machine 机器到机器
MDA Model-driven Architecture 模型驱动架构
MES Manufacturing Execution System 制造执行系统
MII Media Independent Interface 媒体独立接口
MIPS Microprocessor without interlocked pipeline stages 一种精简指令集处理器架构
MMU Memory Management Unit 内存管理单元
MQTT IoT-Protokoll 消息队列遥测传输协议
OMAC Organization for Machine Automation and Control 机器自动化与控制组织
OMG Object Management Group 对象管理组织
OPC UA OPC Unified Architecture OPC UA 统一架构
OSI Open Systems Interconnection 开放式系统互联
OT Operational Technology 运营技术
PKI Public Key Infrastructure 公开密钥基础设施
PLC Programmable Logic Controller (! SPS) 可编程控制器
PLL Phase Locked Loop 锁相环
POSIX Portable Operating System Interface 可移植操作系统接口

QoS Quality of Service 服务质量

RAMI 4.0 Reference Architecture Model for Industry 4.0 工业 4.0 参考架构模型

REST Representational State Transfer 表现层状态转换

RFID Radio-frequency Identification 射频识别

RM-ODP Reference Model of Open Distributed Processing 开放式分布式处理参考模型

RTU Remote Terminal Unit 远程终端单元

SCRUM (aus engl. scrum = das Gedränge) Bezeichnung für ein Vorgehensmodell des Projekt-und Produktmanagements 一种敏捷软件开发的方法学

SDK Software Development Kit 软件开发包

SERVUS Design Methodology for Information Systems based upon Geospatial Service-oriented Architectures and the Modeling of Use cases and Capabilities as Resources 基于地理空间面向服务的体系结构的，以及针对案例和作为资源的能力进行建模的信息系统设计方法

SHA Secure Hash Algorithm 安全散列算法

SoA Service-oriented Architecture / Service-orientierte Architektur 面向服务架构

SoAD Service-orientierte Analyse und Design 面向服务分析与设计

SOAP Simple Object Access Protocol 简单对象访问协议

SOC System-on-a-Chip 片上系统

SoMA Service-oriented Modeling and Architecture 面向服务建模与架构

SPI Serial Peripheral Interface 串行外设接口

SPS Speicherprogrammierbare Steuerung 可编程控制器

SSL Secure Sockets Layer; alte Bezeichnung für Transport Layer Security 安全套接字层

TCP Transmission Control Protocol 传输控制协议

TIA Totally Integrated Automation 完全集成自动化

TLS Transport Layer Security 传输层安全性协议

TPM Trusted Platform Module 可信赖平台模块

TSN Time-Sensitive Networking 时间敏感网络

UART Universal Asynchronous Receiver Transmitter 通用非同步收发传输器

UC Use case 使用案例

UDP User Datagram Protocol 用户数据包协议

UDT User-defined Datatypes 用户自定义类型

UML Unified Modeling Language 统一建模语言

US User stories 用户故事

VDMA VerbandDeutscher Maschinen- und Anlagenbau 德国机械设备制造业联合会

XML Extensible Markup Language 可扩展标记语言

参考文献

第 1 章

[RAMI4.0] DIN SPEC 91 345:2016-04: *Referenzarchitekturmodell Industrie 4.0 (RAMI 4.0)*.

https://www.beuth.de/de/technische-regel/din-spec-91345/250940128, 2016.

[IEC62541] IEC 62 541: *OPC Unified Architecture*.

[ZVEII4.0] ZVEI: *Welche Kriterien müssen Industrie-4.0-Produkte erfüllen?*. https://www.zvei.org/fileadmin/user_upload/Presse_und_Medien/Publikationen/2016/November/Welche_Kriterien_muessen_Industrie-4.0-Produkte_erfuellen_/ZVEI-LF_Welche_Kriterien_muessen_I_4.0_Produkte_erfuellen_17.03.17.pdf.

[BSI] BSI: *Sicherheitsanalyse Open Platform Communications Unified Architecture (OPC UA)*. https://www.bsi.bund.de/SharedDocs/Downloads/DE/BSI/Publikationen/Studien/OPCUA/OPCUA.pdf.

[TSN] *Time-Sensitive Networking(TSN), IEEE 802.1*.

第 2 章

[I40Statusreport] VDI Statusreport: *Industrie 4.0 Begriffe / Terms*. https://www.vdi.de/fileadmin/vdi_de/redakteur_dateien/gma_dateien/2017-04_GMA_-_Industrie_4.0_Begriffe-Terms_–_VDI-Statusreport_Internet.pdf, April 2017.

[pubsub] OPC Unified Architecture Part 14: Pub Sub, https://opcfoundation.org/developer-tools/specifications-unified-architecture/part-14-pubsub/, February 2017.

[Markets] https://opcfoundation.org/markets-collaboration/.

[UACTT] https://opcfoundation.org/developer-tools/certification-test-tools/ua-compliance-test-tool-uactt/

[16592] DIN SPEC 16 592, Combining OPC Unified Architecture and Automation Markup Language, https://www.beuth.de/de/technische-regel/din-spec-16592/265597431.

[AMLYoutube] https://www.youtube.com/user/AutomationML.

[OPCFYoutube] https://www.youtube.com/user/TheOPCFoundation.

[AMLUA] https://opcfoundation.org/markets-collaboration/automation-ml/.

[AMLUA-IOSB] http://www.iosb.fraunhofer.de/?OPCUAAML.

[AMLCompSpec] https://opcfoundation.org/developer-tools/specifications-unified-architecture/opc-unified-architecture-for-automationml/.

[OPCF] http://opcfoundation.org/.

[AMLeV] http://automationml.org/.

[OPCCapab] http://wiki.opcfoundation.org/index.php/Main_Page.

[Architektur] https://opcfoundation.org/wp-content/uploads/2013/04/OPC-UA-Base-Services-Architecture-300x136.png.

[BSI] BSI: *Sicherheitsanalyse Open Platform Communications Unified Architecture (OPC UA)*. https://www.bsi.bund.de/SharedDocs/Downloads/DE/BSI/Publikationen/Studien/OPCUA/OPCUA.pdf.

[X509] ISO / IEC 95 94-8:2017: *Information technology – Open Systems Interconnection – The Directory – Part 8: Public-key and attribute certificate frameworks*.

[62541-2] IEC TR 62 541-2:2016: *OPC Unified Architecture – Part 2: Security Model*.

[ISA95CS] *Companion Specification OPC UA for ISA-95 Common Object Model*.

[Part 7] OPC UA Specification: Part 7 – Profiles.

[Profile] http://opcfoundation-onlineapplications.org/profilereporting.

[CERT] *OPC Certification Specification* – Release 1.1.pdf.

[Bene] https://opcfoundation.org/certification/overview-benefits/.

[CTT] https://opcfoundation.org/developer-tools/certification-test-tools/ua-compliance-test-tool-uactt/.

[Prod] https://opcfoundation.org/certified-products).

[UAPart1] IEC TR 62 541-1:2016: *OPC Unified Architecture – Part 1: Overview and concepts*.

[UAPart3] IEC 62 541-3:2015: *OPC Unified Architecture – Part 3: Address Space Model*.

[UAPart5] IEC 62 541-5:2015: *OPC Unified Architecture – Part 5: Information Model*.

[UAPart6] IEC 62 541-6:2015: *OPC Unified Architecture – Part 6: Mappings*.

[1] Petty, C.: *Gartner says worldwide Enterprise IT Spending to reach $2.7 trillion in 2012*. <www.gartner.com/newsroom/id/1824919> – 09.06.2015.

[2] Frank, H.; Riess, M.: Cyber-Physische Produktionssysteme. In: Gunther, R. et al. (Hrsg.): Intelligente Vernetzung in der Fabrik. Stuttgart: Fraunhofer Verlag 2015, S. 9-33. ISBN: 9783839609309.

[3] Trost, U.: *Big Data*. 2015. <http://www.mhp.com/fileadmin/mhp.de/as-sets/studien/MHPStudie_BIG-DATA.pdf> - 04.06.2015.

[4] Rehage, G.; Gausemeier, J.: Ontology-based Determination of Alternative CNC Ma-chines for a Flexible Resource Allocation. *Procedia CIRP* 31 (2015), S. 47–52.

[5] Hartmann, Ernst Andreas; Botthof, Alfons (Hrsg.): *Zukunft der Arbeit in Industrie 4.0*. Berlin, Heidelberg: Springer Vieweg Verlag, 2015. ISBN: 9783662459157.

[6] Meier, M.: *Verfahren zum emulationsgestützten MES-Engineering für die Photovoltaikindustrie*. Heimsheim: Jost-Jetter Verlag, 2011. ISBN: 978-3-939890-76-8.

[7] DIN SPEC 91 329 (2016): *Erweiterung des EPCIS-Ereignismodells um aggregierte Produktionsereignisse zur Verwendung in betrieblichen Informationssystemen*.

[8] König, H.: *Protocol engineering. Prinzip, Beschreibung und Entwicklung von Kommunikationsprotokollen*. 1. Aufl. Aufl. Stuttgart: B. G. Teubner Verlag, 2003. ISBN: 9783519004547.

[9] VDI-Richtlinie, V.D.I. 3694: *Lastenheft / Pflichtenheft für den Einsatz von Automatisierungssystemen*. 2008.

[10] Breiing A.; Knosala, R. (1997): *Bewerten technischer Systeme: Theoretische und methodische Grundlagen bewertungstechnischer Entscheidungshilfen*. Berlin Heidelberg: Springer Verlag.

[11] VDI 5600: *Manufacturing Execution Systeme*, 2016.

第3章

[1] PLCopen TC4 Communication. http://www.plcopen.org/pages/tc4_communication/.

[2] OPC UA Information Model for IEC 61 131-3.

http://www.plcopen.org/pages/tc4_communication/forms/before_downloading.htm.

[3] PLCopen OPC UA Client for IEC 61 131.3. http://www.plcopen.org/pages/tc4_communication/forms/before_downloading.htm.

[4] EtherCAT Automation Protocol (EAP) – ETG 1005. https://www.ethercat.org/en/downloads/downloads_BB6D7FF18F2B47DDB3474168D50EE864.htm.

[5] OPC UA Analyzer Device Integration (ADI) – http://wiki.opcfoundation.org/index.php/Analyzer_Device_Integration_(ADI).

[6] OPC UA AutoID Companion Specification. http://www.aim-d.de/.

[7] Das Referenzarchitekturmodell RAMI 4.0 und die Industrie-4.0-Komponente.

http://www.zvei.org/Themen/Industrie40/Seiten/Das-Referenzarchitekturmodell-RAMI-40-und-die-Industrie-40-Komponente.aspx.

[8] United States Bureau of Economic Analysis, Current-Cost Average Age at Yearend of Private Fixed Assets by Industry [Years], Table 3.9ESI. http://www.bea.gov/iTable/iTableHtml.cfm?reqid=10&step=3&isuri=1&1003=142.
Stand 15. März 2017.

[9] IDG Enterprise Cloud Computing Survey, 2016. https://www.scribd.com/document/329518100/IDG-Enterprise-2016-Cloud-Computing-Survey. Stand 15. März 2017.

[10] Noergaard, T., 2017. *Embedded Systems Architecture, Second Edition: A Comprehensive Guide for Engineers and Programmers*. Elsevier, ISBN: 9780123821966.

[11] Heath, S., 2002. *Embedded Systems Design*. Elsevier Science, ISBN: 9780080477565.

[12] Krauss, M.; Pötter, T.; Iatrou, C.; Urbas, L. and Klettner, C. (2016). *100% Wireless on Top*, atp edition 58, DOI: 10.17560/atp.v58i06.569, S. 50–65.

[13] Graube, M.; Pfeffer, J.; Ziegler, J. and Urbas, L. (2011). *Linked Data as integrating technology for industrial data*, , DOI: 10.1109/NBiS.2011.33, S. 162–167.

[14] Haller, S.; Karnouskos, S.; Schroth, C. (2009). In: Domingue, J.; Fensel, D.; Traverso, P. (Ed.), *The Internet of Things in an Enterprise Context*, Springer Berlin Heidelberg, ISBN: 978-3-642-00985-3.

[15] Holler, J.; Tsiatsis, V.; Mulligan, C.; Avesand, S.; Karnouskos, S. and Boyle, D., 2014. *From Machine-to-machine to the Internet of Things: Introduction to a New Age of Intelligence*. Academic Press, ISBN: 9780080994017.

[16] Klettner, C.; Tauchnitz, T.; Iatrou, C.; Urbas, L.; Diedrich, C.; Schröder, T.; Goßmann, D.; Banerjee, S.; Krauß, M.; Epple, U. and Nothdurft, L. (2017). *Namur Open Architecture, atp edition 59*. DOI: 10.17560/atp.v59i01-02.620, S. 20–37.

[17] Urbas, L., 2012. *Process Control Systems Engineering*. Deutscher Industrieverlag, ISBN: 9783835631984.

[18] Telekom, C. C. D. (2016). *Security on the industrial internet of things: How companies can defend themselves against cyber attacks*.

[19] Imtiaz, J. and Jasperneite, J. (2013). *Scalability of OPC UA down to the chip level enables «Internet of Things»*, DOI: S. 500–505.

[20] Shrestha, G. M.; Imtiaz, J. and Jasperneite, J. (2013). *An optimized OPC UA transport profile to bringing Bluetooth Low Energy Device into IP networks*. DOI: S. 1–5.

[21] Dunkels, A. (2003). *Full TCP/IP for 8-bit architectures*. DOI: 10.1145/1066116.1066118, S. 85–98.

[22] Godhankar, M. P. M.; Dattatraya, M. M. V.; Sayyad, S. (2015): *TINY TCP/IP PROTOCOL SUITE FOR EMBEDDED SYSTEMS WITH 32 BIT MICROCONTROLLER*, Indian Journal of Computer Science and Engineering 1, DOI: S. 158–165.

[23] Iatrou, C. P. and Urbas, L. (2016). *Efficient OPC UA binary encoding considerations for embedded devices*, , DOI: 10.1109/INDIN.2016.7819339, S. 1148–1153.

[24] Iatrou, C. P. and Urbas, L. (2016). *OPC UA hardware offloading engine as dedicated peripheral IP*

core. DOI: 10.1109/WFCS.2016.7496520, S. 1–4.

第4章

[1] Cavalieri, S.; Cutuli, G. (2010, September): *Performance evaluation of OPC UA. In Emerging Technologies and Factory Automation (ETFA)*, 2010. IEEE Conference on (pp. 1–8). IEEE.

[2] Grüner, S.; Pfrommer, J.; Palm, F. (2016): RESTful industrial communication with OPC UA. *IEEE Transactions on Industrial Informatics, 12(5)*, 1832–1841.

[3] Payne, C. (2002). On the security of open source software. Information systems journal, 12(1), 61–78.

[4] Mahnke, W.; Leitner, S. H.; Damm, M. (2009): *OPC unified architecture*. Berlin: Springer Science & Business Media.

第5章

[VDI 5600-3] VDI-Richtlinie: VDI 5600 Blatt 3: *Fertigungsmanagementsysteme (Manufacturing Execution Systems – MES) – Logische Schnittstellen zur Maschinen- und Anlagensteuerung.*

[Begriffe] VDI Statusreport. Industrie 4.0 – Begriffe / Terms. https://www.vdi.de/fileadmin/vdi_de/redakteur_dateien/gma_dateien/2017-04_GMA_-_Industrie_4.0_Begriffe-Terms_-_VDI-Statusreport_Internet.pdf.

[VDI] VDI 5600: *Fertigungsmanagementsysteme*. Richtlinienreihe VDI 5600, Blatt 1–6. Berlin: Beuth-Verlag.

[DIN SPEC] DIN SPEC 16 592: 2016-12: *Combining OPC Unified Architecture and Automation Markup Language*. https://www.beuth.de/de/technische-regel/din-spec-16592/265597431, 2016.

[Autom.kongress1] Schleipen, M.; D'Agostino, N.; Damm, M.; Dogan, A.; Ewertz, C.; Gössling, A.; Henßen, R.; Holm, T., Hoppe, S.; Ladiges, J.; Lüder, A.; Schmidt, N.: Wilmes, R.: *Harmonisierung im Kontext Industrie 4.0 – AutomationML und OPC UA*.

[Autom.kongress2] Wally, B.; Schleipen, M.; Schmidt, N.; D'Agostino, N.; Henßen, R.; Hua, Y.: AutomationML auf höheren Automatisierungsebenen – Eine Auswahl relevanter Anwendungsfälle. Automatisierungskongress, Baden-Baden, Juni 2017.

[aml2ua] Fraunhofer IOSB: AutomationML-OPC UA-Konverter, https://aml2ua.iosb.fraunhofer.de/, Stand 31.3.2017.

[CompSpec] OPC Unified Architecture for AutomationML, OPC UA Companion Specification, https://opcfoundation.org/developer-tools/specifications-unified-architecture/opc-unified-architecture-for-automationml/, February, 2016.

[at] Schleipen, M.; Lüder, A.; Sauer, O.; Flatt, H.; Jasperneite, J.: Requirements and concept for Plug-and-Work. *at – Automatisierungstechnik 2015, Volume 63*, Issue 10, S. 790-820.

[BPR] Best practice recommendation, Data Variable. https://www.automationml.org/o.red/uploads/dateien/1494589220-BPR_007E_BPR_DataVariable_V1.0.0.zip.

[plug] Fraunhofer IOSB: Plug-and-work, www.plugandwork.fraunhofer.de, Stand 31.3.17.

[1] Usländer, T. (Ed.): *Industrie 4.0 – Auf dem Weg zu einem Referenzmodell*. VDI Statusreport. VDI/VDE-Gesellschaft Mess- und Automatisierungstechnik, Düsseldorf, April 2014. http://www.vdi.de/industrie40.

[2] Usländer, T.: *Service-oriented Design of Environmental Information Systems*. PhD thesis of the Karlsruhe Institute of Technology (KIT), KIT Scientific Publishing. ISBN 978-3-86644-499-7, 2010.

[3] Usländer, T.; Epple, U.: Reference Model of Industrie 4.0 Service Architectures – Basic Concepts and

Approach. at – Automatisierungstechnik, Special Issue: *Industrie 4.0* (Ed.: Beyerer/Jasperneite/Sauer), *Band 63, Heft 10*, Okt 2015.

[4] Usländer, T.; Batz, T.: *How to Analyse User Requirements for Service-Oriented Environmental Information Systems*. ISESS 2011 Proceedings, IFIP AICT, vol. 359, S. 165–172, Heidelberg: Springer Verlag, 2011.

[5] ISO/IEC 10 746: *Reference Model of Open Distributed Processing (RM-ODP)*.

[6] Fielding, R.T.: *Architectural Styles and the Design of Network-Based Softwar.e Architectures*. Doctoral dissertation, University of California, Irvine, 2000.

[7] ISO 19 119:201:6 *Geographic Information – Services*.

[8] DIN SPEC 91 345: *Referenzarchitekturmodell Industrie 4.0 (RAMI 4.0)*, 2016.

[9] Industrial Internet Consortium (IIC): *The Industrial Internet Reference Architecture Technical Report*. 2016. http://www.iiconsortium.org/IIRA.htm.

[10] Ricken; J., Petit; M.: *Characterization of Methods for Process-Oriented Engineering of SOA*. BPM 2008, ISBN 978-3-642-00327-1, pp. 621-632, 2008.

[11] Kohlborn, T.; Korthaus, A.; Chan, T.; Rosemann, M.: *Service Analysis – A Critical Assessment of the State of the Art*. ECIS 2009, Verona, Italy, 2009.

[12] Bieberstein, N.; Bose, S.; Fiammante, M.; Jones, K.; Shah, R.: *Service-Oriented Architecture (SOA) Compass – Business Value, Planning and Enterprise Roadmap. IBM Press developerWorksï Series. ISBN 0-13-187002-5, 2006.*

[13] Arsanjani, A., et al.: SOMA: A method for developing service-oriented solutions. *IBM Systems Journal*, Vol. 47, No. 3, pp. 377-396, 2008.

[14] Usländer, T.: *Agile Service-oriented Analysis and Design for Industrial Internet Applications*. Proceedings of the CIRP-CMS 2016, Stuttgart, 2016.

[15] Favaro, J., et al.: *Next Generation Requirements Engineering*. DOI: 10.1002/j.2334-5837.2012.tb01349.x, 2014.

[16] DIN SPEC 16 593:2016: *Referenzmodell für Industrie-4.0-Service-Architekturen – Grundkonzepte einer Interaktionsbasierten Architektur*.

[17] DIN SPEC 16 592:2016: *Universelle Schnittstellen für die Automatisierung – OPC UA und AutomationML*.

推荐阅读

铸魂：软件定义制造

作者：赵敏 宁振波 ISBN：978-7-111-65013-3 定价：89.00元

工业软件描述、集成、模拟、加速、放大、优化、创新了传统制造过程，形成一种新的工业智能模式——软件定义制造。未来的智能制造，是每一个原子都可以被工业软件给出的比特数据精准控制的制造。软件、芯片、互联网等数字化软/硬件设备，都是新型的工业要素，都是从属于工业的服务角色。以工业为主，数字化/信息化手段为辅，是工业转型升级、繁荣发展的基本次序。鉴于工业天量般的体量和必须以物质产品支撑国民经济发展的基本属性，软件赋能作用再强大，也不能完全决定工业，更不能替代工业，而是通过软件赋能，让工业发展更迅速，工业产品更精良，工业过程更精准，工业经济更强大。

本书较为详细地定义了工业软件，解读了工业软件所应具有的内涵和组成部分。工业软件是工业化的顶级产物。它封装了工业知识，建立了数据自动流动规则体系，塑造了机器的大脑和灵魂，因此机器变得更加聪明，功能可以随时定义和调整。

推荐阅读

机·智：从数字化车间走向智能制造

作者：朱铎先 赵敏 ISBN：978-7-111-60961-2 定价：79.00元

本书创新性地以“取势、明道、优术、利器、实证”五大篇章为主线，为读者次第展开了一幅取新工业革命之大势、明事物趋于智能之常道、优赛博物理系统之巧术、利工业互联网之神器、展数字化车间之实证的智能制造美好画卷。

本书既从顶层设计的视角讨论智能制造的本源、发展趋势与应对战略，首次汇总对比了美德日中智能制造发展战略和参考架构模型，又从落地实施的视角研究智能制造的技术和战术，详细介绍了制造执行系统（MES）与设备物联网等数字化车间建设方法。两个视角，上下呼应，力图体现战略结合战术、理论结合实践的研究成果。对制造企业智能化转型升级具有很强的借鉴与参考价值。